科学新悦读文丛

[法] 塞巴斯蒂安·莫罗（Sébastien Moro）/ 著
[法] 范妮·沃彻（Fanny Vaucher）

陈若瑜 / 译

哇！原来你是这样的鱼

人民邮电出版社
北京

图书在版编目（CIP）数据

哇！原来你是这样的鱼 / （法）塞巴斯蒂安·莫罗，
（法）范妮·沃彻著 ；陈若瑜译. -- 北京 ：人民邮电出
版社，2020.9（2022.10重印）
（科学新悦读文丛）
ISBN 978-7-115-53895-6

Ⅰ．①哇… Ⅱ．①塞 ②范 ③陈… Ⅲ．①鱼类—
普及读物 Ⅳ．①Q959.4-49

中国版本图书馆CIP数据核字(2020)第070112号

内 容 提 要

你认为鱼类是怎样的呢？没日没夜在水里无聊地"游泳"？对周围所发生的事情充耳不闻？
彼此之间毫无沟通？本书作者所阐述的已被科学研究验证的事实可能会让你大跌眼镜。鱼儿们
的记忆只有 7 秒？事实上，某些鱼类的记忆力比人类的还要好。鱼儿们生活在水里还有必要洗
澡吗？它们有专门除掉寄生虫和磨去死皮的"清洁站"。甚至还有许多你没想过的问题：鱼儿们
没有眼睑怎么睡觉？没有视力的鱼如何避免像没头苍蝇一样撞来撞去？鱼儿们会不会尿尿？如
果我们在水里放屁，鱼儿们会不会对我们有意见？

作者以漫画的形式展开了一系列让人脑洞大开的探索。如果你也对鱼儿们的生活感到好奇，
那就快打开这本书吧。

- ◆ 著　　　　[法]塞巴斯蒂安·莫罗（Sébastien Moro）
　　　　　　　[法]范妮·沃彻（Fanny Vaucher）
- 译　　　　陈若瑜
- 责任编辑　李　宁
- 责任印制　陈　犇
- ◆ 人民邮电出版社出版发行　　北京市丰台区成寿寺路 11 号
邮编 100164　电子邮件 315@ptpress.com.cn
网址 https://www.ptpress.com.cn
涿州市京南印刷厂印刷
- ◆ 开本：690×970　1/16
印张：10.75　　　　　　2020 年 9 月第 1 版
字数：144 千字　　　　2022 年 10 月河北第 2 次印刷
著作权合同登记号　图字：01-2019-0420 号

定价：59.00 元
读者服务热线：(010)81055410　印装质量热线：(010)81055316
反盗版热线：(010)81055315
广告经营许可证：京东市监广登字 20170147 号

前 言

"智力"和"鱼"——我曾在搜索框中输入这两个词。那时,我正在写博士论文,并且一头扎进了关于鱼类认知的科学文献中。当然,在网络上我们几乎什么都能查到。我发现了一本关于鱼类的书,是澳大利亚学者卡勒姆·布朗写的。他用了整整一个章节的篇幅来介绍裂唇鱼的智力。

我主要研究观赏性海洋鱼类的交易。裂唇鱼通常被大批量地售卖,我们几乎能在所有的海水水族馆中看到它们。裂唇鱼在珊瑚礁上以野生状态被捕捉——这些鱼无法被人工饲养长大。裂唇鱼对珊瑚礁中的居民来说,有时扮演卫生督查的角色,有时又是皮肤科医生。它们为了满足客户的需求,研究出了惊人的策略。

纳沙泰尔大学的雷杜安·巴沙里教授认为,如果裂唇鱼从礁石中消失,那么其他种类的鱼也会很快消失不见。当我在搜索框中打字时,另外两个名字出现在了这位专家和卡勒姆·布朗名字的旁边:塞巴斯蒂安·莫罗和范妮·沃彻。

不用说,我把我的研究任务忘光了。我没有继续工作,而是如饥似渴地读完了塞巴斯蒂安·莫罗和范妮·沃彻关于鱼类的博客。首先,关于鱼类的漫画非常少见。但更重要的是,这本漫画非常准确地展示了各种科学事实,涉及的主题包括鱼类的智力、鱼类的行为和生理结构,并且形式颇具娱乐性。

我必须祝贺及感谢范妮和塞巴斯蒂安,他们创作了一本极其幽默、充满智慧的漫画书。我相信,这本书能够激起读者的好奇心和感动——这是这些小动物们应得的,因为它们是如此奇妙而又鲜为人所知。

莫妮卡·比昂多

海洋生物学家

伯尔尼大学生态和进化学院、弗兰兹·韦伯基金会

I

目　录

嘿，我能透过我的头盖骨看见东西！

注　意

塞巴斯蒂安·莫罗

在本书所引用的研究中，一部分通过录音、标记来研究大自然中的野生动物。然而，也有一些实验需要将动物抓捕，在实验室里进行测试，目的是控制一些在自然环境中无法确定的变量（最典型的是情节记忆的测试）。这些鱼以不同的方式被捕获，而相关研究几乎从来不会提及它们的命运。一种可能是，这些野生鱼类在实验时被抓捕，然后又在抓捕地点被放生，或是被饲养在水族馆里。另一种可能是，这些鱼从出生起就处于被捕捉的状态。人们从批发商处将其购得并饲养在水族馆里，多年里它们一直被用于不同的行为实验。为获取这些鱼的生理构造细节，解剖是最常用的手段。

虽然最近关于鱼类的发现使得这一领域的专家开始保护它们，但你必须知道的是，鱼类已经成了实验室里重要的研究对象。它们会被用于一些极具伤害和暴力的研究，比如毒性测试或阿尔茨海默病之类的神经退化性疾病。尤其是斑马鱼，它们受到了很大的影响。

范妮·沃彻

本书中的动物图画不是来源于专门的科学插画家之手，在缺乏资料的情况下，有时候一些细节（比方说蓝子鱼臀鳍的形状）有想象的成分。谢谢您的宽容——如果您恰好是这方面的专家。

鱼儿们会结成伴侣吗？

是的，鱼儿们会结成伴侣。但你必须得知道，鱼类的性别简直是一团糟。

也就是说，网站上有关鱼的分类简直无穷无尽。

我没有去确认这种网站是否真的存在。

你可以自己试一试。

这就是那些住在海葵中、被世人所熟知的鱼……

对于鱼类来说，成为雄性还是雌性是一件可以商量的事情。比如，除了占支配地位的夫妻中的一方是雌性外，其他所有小丑鱼都是雄性。

这一对小丑鱼夫妻有最高的等级地位，也是族群里唯一有生育权的（通过雌性配子和雄性配子*在体外受精）。

* 等同于人类的卵细胞和精子。

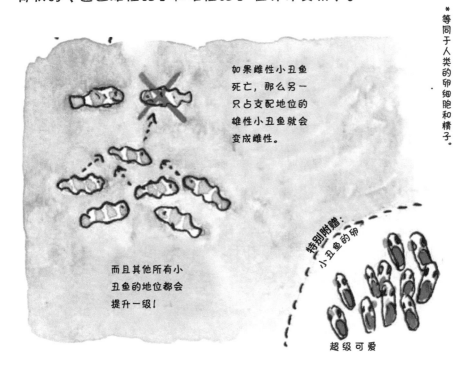

如果雌性小丑鱼死亡，那么另一只占支配地位的雄性小丑鱼就会变成雌性。

而且其他所有小丑鱼的地位都会提升一级！

特别附赠：
小丑鱼的卵

超级可爱

雌雄同体的物种需要通过谈判来确定谁制造雄性配子、谁制造雌性配子——制造雌性配子要消耗更多的能量。所以，那些每次都制造雄性配子的"作弊者"将很难找到伴侣，并很有可能孤独终老。

♀

♂

这是杂斑盔鱼，身上披着五彩霞光的是雄性。

在慈鲷科的某些物种中，甚至会有第三名成年个体加入伴侣关系，来帮忙抚养幼鱼。

还有一些鱼则恐怖到能加入《电锯惊魂》这部巨著的续集中，虽然这个系列已经在走下坡路了。

约氏黑角鮟鱇：雌雄双型。

虽然黑角鮟鱇的外形并不具有吸引力，它们的爱却让彼此相融。真的，就像罗密欧和朱丽叶那样。在深海中找到合适的对象并不容易，所以当一条雄性黑角鮟鱇鱼找到一条雌性黑角鮟鱇鱼时，它就会咬住对方，再也不会松口。

这听起来让人难以相信。

接下来，雄鱼会慢慢和雌鱼结合，将自己的整个身体融入雌鱼的体内。到最后，雄鱼只留下一对精巢，雌鱼会利用它们来给卵子授精。

经常会有多条雄鱼附着在一条雌鱼身上。

哎呀

让我们回到刚才关于伴侣的话题，
有个小地方要更正一下……

这里画的慈鲷鱼属于顺序性
雌雄同体（可以在雄性和雌性之
间进行有序转换）。

就像小丑鱼一样，慈鲷
鱼也可以改变性别，但不能
同时拥有两种性别。

不是同时

要不然可就太混乱了！

还有一些鱼，比如横带低纹鮨则属于"同时"雌雄同体。

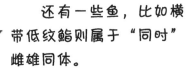

也就是说，它们白天可能是超市经理，晚上就变成了曼妙舞者。而且他们/她们/它们肯定过得一团乱。

关于性别这一问题它们必须进行协商，因为产卵比孵卵需要更多的能量。

这些鱼儿们发展出了一些协商技巧，比如"我已经造了卵子，接下来就是你的工作了。我不是你家的女佣，它们也是你的小孩"。

海里有金鱼吗？或者它们是人类为了鱼缸更具观赏性而发明的物种？

"金鱼"是它作为超级英雄的别名。在它的身份证上，当它还戴着眼镜、每天的工作就是吐泡泡时，它叫作 CARASSIUS AURATUS。

它的第二个名字叫作鲫鱼，这是它还没有那么强大时的叫法。

（这是为了致敬罗马帝国时期一条叫作 CARASSIUS AURATUS 的著名的鱼。）

（这条信息完全错误。）

这种鱼在野生状态里游弋于温和的淡水中，它们产自中国，现在已经广泛存在于世界各地。

而"家养版"金鱼只能在很小的鱼缸中游泳，在这里，它们的寿命从30年缩短到大约1年……

这种鱼喜欢成群结队地生活，它们可以长到大大超过鱼缸的大小。所以，要是能消灭鱼儿们被关在鱼缸中的现象，那会相当不错。

就像所有的超级英雄那样，如果你不让它们长大一点，它们是没办法拯救世界的。想想布鲁斯·班纳（漫威漫画旗下的超级英雄绿巨人）……

然而因为无知，我们创造出了很多奇形怪状的家养金鱼，其中某些种类简直可以媲美《辛普森一家》里的三眼鱼，尤其是那些长有巨大眼睛的物种。

"天眼"　　　"狮头"　　　"兰寿"

……

"琉金"

你知道我们是怎么把狼变成吉娃娃的了吧？就是这样……但实际上可能更糟。

韦伯氏器大概在这里，就在内耳的旁边。

金鱼是鱼类中听觉专家的一员，它们有一套和人类足够相似的内耳系统。这个系统包括鱼鳔，它将震动传导给内耳里的听小骨。可以在鱼鳔和内耳之间传导声波的骨骼被称为"韦伯氏器"。

这个信息并不重要，但它可以用来在聚会里耍小聪明。

有时我很庆幸这些研究人员不会拿我做实验。

为了我的自尊……

啊，在有的情况下，

也是为了保持解剖学上的完整。

3名才华横溢的日本学者在2013年发表了一项研究，证明金鱼能区分春之祭（斯特拉文斯基作曲）和D小调托卡塔与赋格（巴赫作曲）。

所以，这个大名鼎鼎的"鱼鳔"究竟是什么？

["NATATOIRE"（鱼鳔）来源于拉丁文 NATATORIUS，意为"游泳者"。]

鱼鳔是一个气囊，位于鱼类的身体内部。

这里以鲤鱼为例：

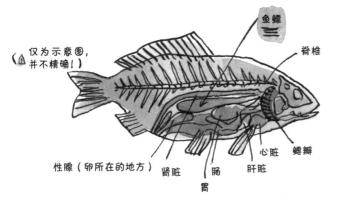

鱼鳔

（仅为示意图，
并不精确！）

脊椎

性腺（卵所在的地方）   肾脏   肠   肝脏   心脏   鳃瓣
胃

有时候，它们也会有一个备用
的鱼鳔，装在一个腰包里。

上一条信息其实是假的，没有
什么可替换的"鳔"。如果出
了问题，只能给鱼鳔打个补丁。

硬骨鱼类（比如鲤鱼）基本
上都有鱼鳔（对于鱼类，"基
本上"就表示每个物种差不
多都有一个特例）。

不过，不是所有鱼类都有鱼鳔！软骨鱼类*，比如鲨鱼和鳐鱼就没有鱼鳔。

*即由软骨构成骨架的鱼。

鱼鳔的主要用途是改变鱼在水中的深度，这让鱼儿们能够在空间中自由活动。鱼鳔也能帮助鱼类保持平衡与稳定。

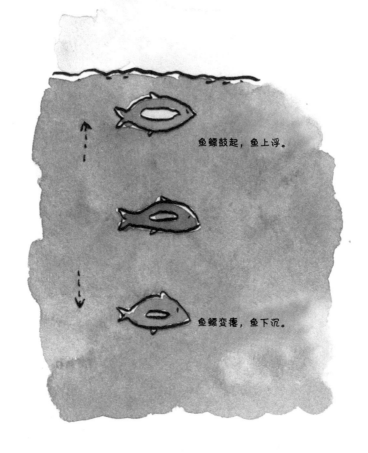

鱼鳔鼓起，鱼上浮。

鱼鳔变瘪，鱼下沉。

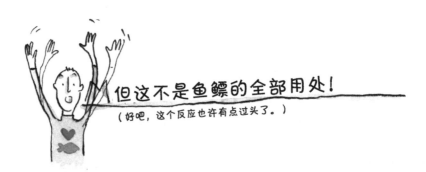

但这不是鱼鳔的全部用处！

（好吧，这个反应也许有点过头了。）

鱼鳔也能帮助鱼类听见声音！

水是一种液体，在鱼类的身体里也有很多液体。

声音是一种"振动"，需要靠介质传播。如果介质保持一致，那它就是可穿透的，声音不会发生反射和折射。鱼鳔内充满了气体，声音在气体和液体中传播的速度不同，声音在穿过气囊时会发生折射。因此，气囊还承担了传导器的角色。它用振动的方式将信号传导至内耳，使大脑能够分析声音……

形成听觉还有很多别的方式。

以韦伯氏器（参见第10页）为例。有些鱼类的鱼鳔分离成了几部分，其中一些构件已经很靠近内耳。这些构件除了辅助形成听觉以外，就没有什么别的作用了。

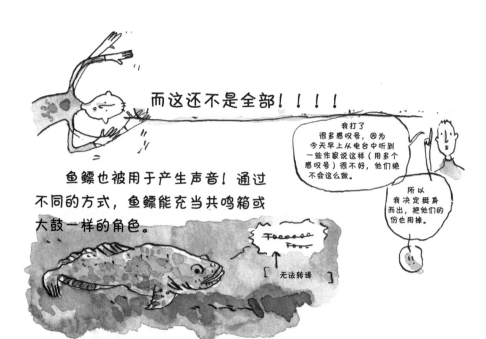

而这还不是全部！！！

我打了很多感叹号，因为今天早上从电台中听到一些作家说这样（用多个感叹号）很不好，他们绝不会这么做。

所以我决定挺身而出，把他们的份也用掉。

鱼鳔也被用于产生声音！通过不同的方式，鱼鳔能充当共鸣箱或大鼓一样的角色。

无法转译

很多时候，鱼鳔上都直接附有可振动的肌肉（但在这一点上还是有很多差异的），这些肌肉使声音的产生能够受到精确的控制。有一首著名且结构工整的歌，叫作《雾号》，里面那些豹蟾鱼属的蟾鱼就是一个例子（它们能发出可听到的呼噜声或呱呱声）。

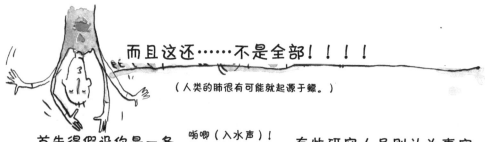

而且这还……不是全部！！！！

（人类的肺很有可能就起源于鳔。）

嗝唧（入水声）！

首先得假设你是一条有着长腿的鱼。为什么你的身体里充满了水，还得用眼睑湿润眼睛？因为你是从大海来到陆地上的……

有些研究人员则认为事实恰恰相反，鳔是从肺变过来的。鱼儿，你只不过是有鳍的人类罢了。

总而言之，事情很棘手。

鱼儿们会保护自己的朋友吗?

很多种栖息在珊瑚礁里的鱼会成双成对地生活，就像眼镜、手套、一部分袜子——但不是所有的。

 准备好！

滴滴！

接下来，我将介绍很多科的鱼类，这些科拥有最多成对生活的物种，就排在弱棘鱼（中文俗名马头鱼）和蝴蝶鱼之后。

保证不是编的。

 马头鱼

 蝴蝶鱼

女士们、先生们，
它们从鱼缸而来，
号码牌上标着印度洋-太平洋，
黄底色上布满蓝色的圆点。它们骄傲地向我们游来，
伴随着它们的国歌："今天早上，一只兔子……"

它们是——兔子鱼！

（译者注：蓝子鱼科，拉丁名为SIGANIDAE。）
（这是一只凹吻蓝子鱼。）

与科学家们以前认为的相反

 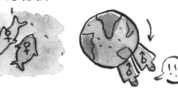

它们并不是将交配作为唯一需求的一夫一妻伴侣。

实际上，仅对于大篦蓝子鱼来说，科学家们已经观察到有四分之一的配对都发生在同性之间。（好像否定了你一开始的想法，是吧。）

在寻找能够解释这种配对行为的原因时，奥地利科学家西蒙·布兰德尔和戴维·贝尔伍德有了一个惊人的发现……

这些鱼会互相保护对方，而它们采取的方式非常类似于互惠利他主义。

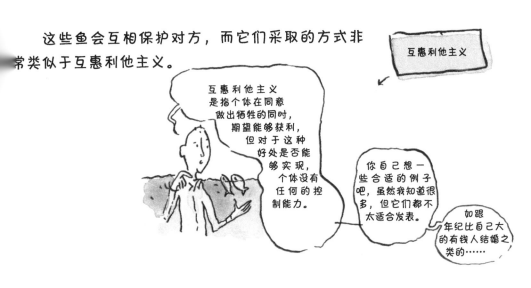

这需要很复杂的认知能力。比如说：

的确，一些研究者坚决提出抗议，不愿意承认非人类的动物也具有这项能力。

然而，我们必须实事求是地讲，蓝子鱼的智力水平绝对不低。

是是，玩玩谐音梗很简单。但如果没有梗的话你一定会很失望，而且有时我们必须取悦读者。

对了，你就是其中一员。

它们是怎么做的呢？

随机小测试！

拿出一支笔、一张纸，把剩下的东西都收进书包里。

问题：

鱼A正在找能吃的植物。

它必须把头钻到缝隙里才能找到食物

已知鱼的头部钻进了缝隙内的几厘米深处。

并且在搜寻的时间点T1时它的视野一片黑暗。

在时间点T1时，它在捕食者嘴下幸存的概率是多少？

0% ✓

如何增加这条鱼幸存的概率？

让它的朋友给它放哨。♡♡ ✓

事实上，当第一条鱼进食的时候，它的伙伴会留在外面并将身体向上倾斜，以尽可能地扩大视野范围。

当危险来临时，这个哨兵会先摆动它的鳍——很可能是为了警告正在进食的鱼，然后再逃走。它的同伴则紧随其后。

如果没有任何危险——没有敌人，什么也没发生，那么二者的角色就会互换。之前的哨兵会去吃东西，而另一条鱼则开始站岗。

它们的协调达成了一个完全公平的分工。在这项研究中，作为观察对象的4种鱼分别是凹吻蓝子鱼、狐蓝子鱼、大篦蓝子鱼和眼带蓝子鱼。

狐蓝子鱼经常被称为"狐狸脑袋"（译者注：它的中文俗名是狐狸鱼）。

所以，大自然中有一种长着狐狸脑袋的兔子鱼？这简直混乱极了。

哪种鱼的记忆力最强？

（第一部分）

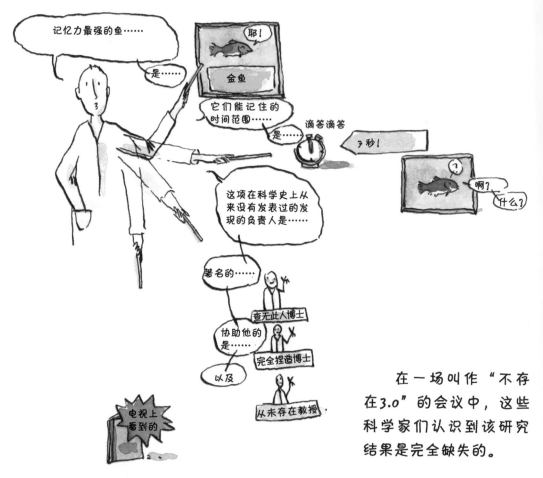

在一场叫作"不存在3.0"的会议中，这些科学家们认识到该研究结果是完全缺失的。

尽管经过了紧张急切的工作，但是关于这一主题并没有发表过任何著作。接下来，商业媒体也没有对其广泛传播。

就是这场压倒性的无传播事件让公众知晓了这个惊奇的事实：金鱼的记忆力只有7秒。

啊对，这个故事就是在胡扯。

我们必须时刻记住，在鱼儿们自由生活的地方，人类会面对一些"微小"的障碍：呼吸、移动……实际上所有事都很麻烦。所以，研究鱼类的记忆是很困难的。（另外，我们还得明确指出是哪一种记忆，毕竟记忆有好几种不同的类型。）

目前，在这方面科学家们并没有进行多少长期性的研究，因为他们觉得比起研究鱼类的记忆，其他事情的优先级更高。大多数的研究时长不会长于一年半，而且被观察的物种也很有限。这些研究证实，所有的鱼——不管什么物种——都能在这段时间里记得我们要求的事情。

我们发现了一些迹象，能够证明野生鱼类中某些特定的物种拥有高超的记忆水平，甚至比我们人类的记忆力还要好。

以鲑鱼为例。

在还是小宝宝的时候，鲑鱼住在淡水里。

但到了一定时间，它们长大了，必须离开幼儿园。

这时，年轻的鲑鱼必须"骑上它的小电瓶车"，穿越可能长达上百千米的距离，来到新的世界——海洋。

它们会在水下用沙子盖城堡，并在学校的文化节上演《石中剑》里的梅林。

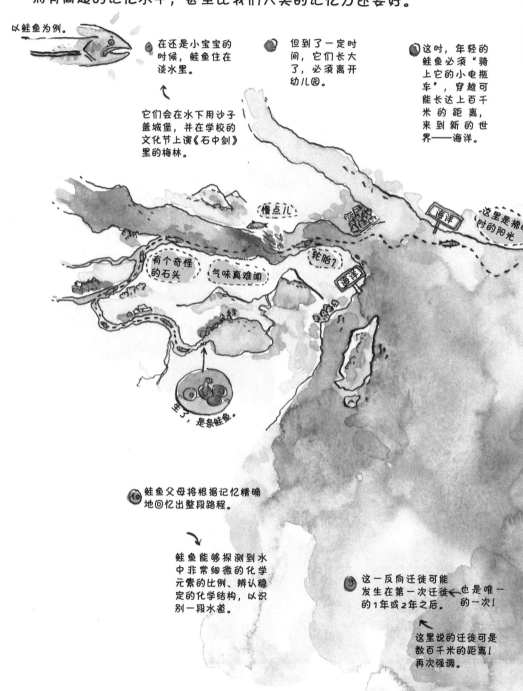

慢点儿

海洋

这里是拂晓时的阳光

有个奇怪的石头

气味真难闻

轮胎？

海洋

生了，是条鲑鱼。

鲑鱼父母将根据记忆精确地回忆出整段路程。

鲑鱼能够探测到水中非常细微的化学元素的比例、辨认稳定的化学结构，以识别一段水道。

这一反向迁徙可能发生在第一次迁徙的1年或2年之后。

也是唯一的一次！

这里说的迁徙可是数百千米的距离！再次强调。

22

因为有超强的思维地图的帮助，再加上它能利用各种辅助物，⇒ 鲑鱼表现出了极佳的记忆力，甚至能将我们人类的记忆力比下去。

↓

气味、磁场、视觉标志物、光的偏振，等等。

在此过程中，年轻的鲑鱼会通过视觉和嗅觉定位不计其数的标志物。

这些标志物将在以后帮助它重新找到这条路线。

它的效率可比小拇指（法国童话故事中的人物）高多了——实话说吧，小拇指可真让我们失望。

更别提其他一些更让人诧异的能力，比如利用地球磁场或太阳方位定位！

接下来，它将在无边无际的大海中的某一处生活……

……并找到一个妻子或丈夫，成为工程师或程序员。

↘

并且抱怨8点档肥皂剧太无聊——当然这也不能怪它。

这时它听见有人敲门：

咚咚咚！

你的激素到了！

现在得生小孩来给自己养老了！

不，我还没准备好，我还有很多事情想要体验呢……

经历了最初的抗拒后，我们的鲑鱼必须将这条道路的全程以反方向重新走一遍。这样，它才能把未来的"梓涵"和"子轩"生下来——就在它们自己曾经降生的同一个新生儿哺育所里。

鱼儿们的名字是谁起的？

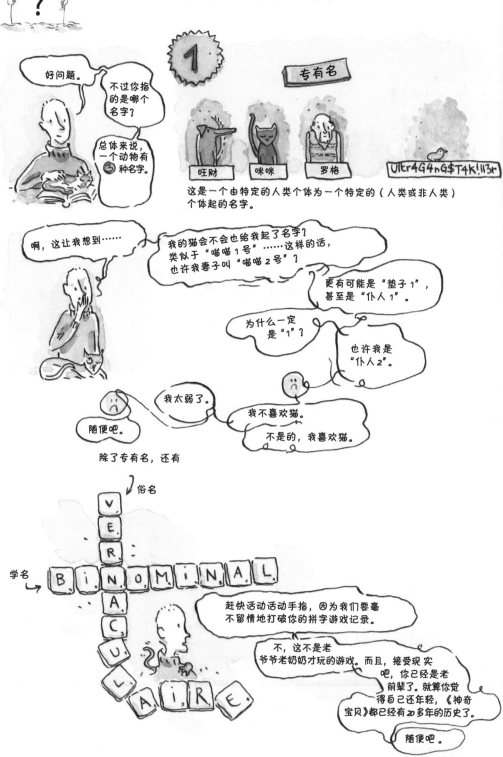

俗名（VERNACULAIRE）由俗和名构成，不过也一样由俗夕和口构成，还可以说由人谷和名构成。在法语中，"俗名"这个词来源于拉丁文 VERNACULUS，意为"家庭内的、本土的"，所以不需要把它拆开。俗名就是"本土"名，即当地语言中的名称。

俗名

比如蝎子鱼，在法语里是"RASCASSE"，在马赛方言里则是"RASCASSE-PUTING-CONG"。

蝎子鱼

（这不是现在常见的火鸡形象，不过它很开心，因为常见的火鸡都已经熟了。）

另一个例子：

"DINDE"（法语）在中文里叫作"火鸡"，但显然西班牙和葡萄牙的殖民探险者曾将其称为"印度鸡"(LE POULET D'INDE)，因为他们是在印度次大陆发现这种鸟类的（然而，事情其实更为复杂，因为这个名称原本指的是非洲的珍珠鸡）。显然，当时还没有"互联网"这种高科技产物，在过了很长一段时间后他们才发现，所谓印度鸡不过是一种来自美洲的鸟类。

时光流逝，印度鸡的名字最终被缩短为"DINDE"。而英国人和美国人则将它称为"TURKEY"，翻译过来就是土耳其。

俗名大多时候都很随意，有时也可以很搞笑。

另外，鱼类的俗名往往颇具创造力。

廉鬼刀

绿翅鱼

它的法语名也是一种小母鸡的名字（GALLINETTE，矮脚鸡），但有两个L。是的，这是个文字游戏。（译者注：同属的另一种鱼小银绿鳍鱼的中文俗名为鸡角，鸡角也指尚未与母鸡交配的公鸡。）

很可能由它捕食时来来回回的动作而得名。在做这种动作的同时，它也会利用发电器官来分析猎物。

尖角

因为它们转身时会发出"哞"的声音。（不，这不是真正的原因。你有时候真的很轻信他人。）

鼠尾鳕

中文学名是长尾鳕。

总的来说，在每个地区它们会有不同的俗名。这些俗名来源于当地的文化及谚语。

对科学家们来说，每天的交流就没那么简单了：

嗨，我刚看见了一条臭肚鱼。

那是什么？

就是蓝子鱼科里的刺蓝子鱼（SIGANUS SPINUS）。

啊

你是说一条羊矮仔？

更别提"VIVANEAUX"这个叫法，它所指的鱼类甚至属于不同的科：

我要带走VIVANEAUX家*的儿子。

好吧，但它其实不是VIVANEAUX家的人。

你总能让话题沉重起来。

*在法语中与生物分类的科FAMILLE双关。

在这两名科学家的对话中，我们能发现解决这一问题的方法：他们提到了"SIGANUS"这个词。

SIGANUS是这种鱼的学名的一部分。

3 学名

学名采用双名命名法，又称二名法。双名命名法的法语词BINOMINAL由 "BI" 和 "NOMINAL" 两部分组成，这回把词拆开看真的很有必要。

这有点像两种口味的奥利奥，不过这里说的是鱼的名字。

双名命名法的名称由两个名字组成：
BI（双）
NOMINAL（名） 哇，恍然大悟！
第一个词是属名，第二个词是种加名。

比如：
SIGANUS VULPINUS

蓝子鱼属　　狐蓝子鱼种

它的俗名是"狐狸鱼"。是的，我们已经严肃且认真地谈过这个话题了。但这个名字实在太有趣了——长狐狸脑袋的兔子鱼！

好吧，不提这个了。

多亏了学名，世界各地的科学家才能轻松地相互理解。♡♡♡

接下来的问题：

名字由谁决定？

这个决定遵循哪些规则？

对于学名来说，它是由发现这种动物的人决定的。他想怎么起名就怎么起名。这让我们不得不怀疑事情会失去控制——事实上的确如此。

近年来，很多动物的名字来自于《哈利·波特》中的故事……

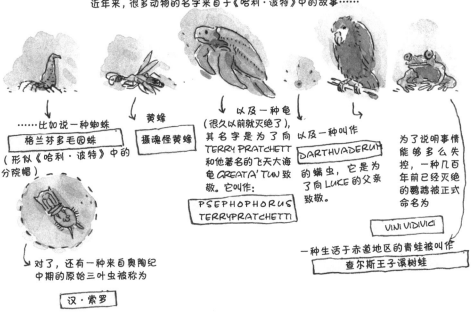

……比如说一种蜘蛛

格兰芬多毛园蛛

（形似《哈利·波特》中的分院帽）

对了，还有一种来自奥陶纪中期的原始三叶虫被称为

汉·索罗

黄蜂

摄魂怪黄蜂

以及一种龟（很久以前就灭绝了），其名字是为了向 TERRY PRATCHETT 和他著名的飞天大海龟 GREAT A'TUIN 致敬。它叫作：

PSEPHOPHORUS TERRYPRATCHETTI

以及一种叫作

DARTHVADERUM

的螨虫，它是为了向 LUKE 的父亲致敬。

一种生活于赤道地区的青蛙被叫作

查尔斯王子误树蛙

为了说明事情能够多么失控，一种几百年前已经灭绝的鹦鹉被正式命名为

VINI VIDIVICI

总而言之，没有下限。

鱼儿们为什么没有眼睑还能睡觉？

让我们慢慢来（就像神秘博士会说的那样）！
首先，我们必须弄清楚：鱼儿们睡觉吗？

睡眠大致有以下特征：

……长时间闭合眼睑

……有特殊的脑电波活动，尤其是在新皮质处

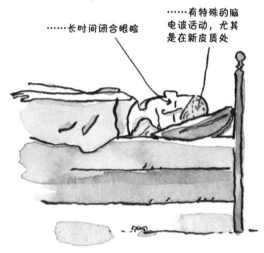

嗯，是的，我们发现了一个问题，因为鱼儿们：

……既没有眼睑

……也没有新皮质*

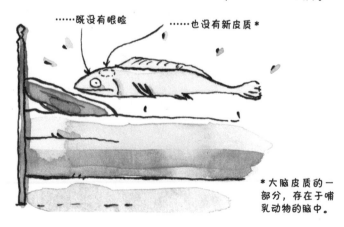

*大脑皮质的一部分，存在于哺乳动物的脑中。

这种情况下，我们会使用其他标准，比如：

ⓐ 长时间的无活动状态

（但这还不够准确，要不然大部分在课堂上发呆的同学都可以被认为是……哇，一切都清楚了！）

② 特定的休息姿势

③ 待在一个特定的庇护所里

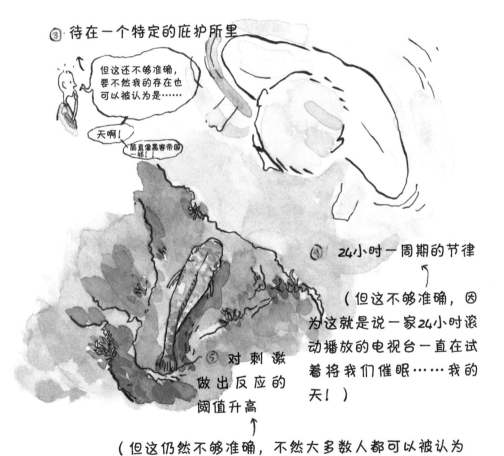

ⓓ 24小时一周期的节律

（但这不够准确，因为这就是说一家24小时滚动播放的电视台一直在试着将我们催眠……我的天！）

⑤ 对刺激做出反应的阈值升高

（但这仍然不够准确，不然大多数人都可以被认为是……我明白了！）

如果以上面那些标准为依据的话，有些鱼类是会睡觉的。
有些鱼会在海底睡觉，有些则会躲藏在小裂缝或者洞穴中睡觉。

　　它们往往顺着水漂流，鱼鳍处于一种休息姿态，眼睛转向下方，减少接受外界的刺激。

　　[就是说，如果我们把它们握在手里、带着它们散步，它们也不会有什么反应。想想我们能做的那些恶作剧吧。它们醒过来的时候会发现自己在拉斯维加斯，全身赤裸（没有鳞片），嘴唇上方是文上去的胡子，还有一条白金猛鱼睡在浴缸里。]

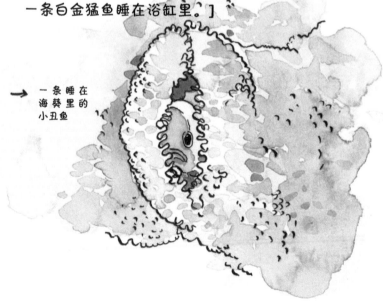

→ 一条睡在
海葵里的
小丑鱼

甚至有些鹦嘴鱼会做一个小黏液垫子来睡觉。大概就是一个用口水做的茧，但黏液垫子这种描述比较可爱。虽然这听着有点恶心，但实际上真的非常可爱。

快上网检索一下"在黏液保护罩里的鹦嘴鱼"。

看完了吗？这也是讲解的一部分，快去看。

我们等着你。

好了，鱼类的睡眠听上去好像很简单，然而……

不是所有鱼都在晚上睡觉，有些白天睡。

就像这样。

有些鱼在幼年时期不会睡觉，只有成年后才会睡。

人类也是一样的……

为年轻父母们喝彩

有些成年鱼类在身体里有卵的时候不会睡觉……

人类也是一样的……

再次为年轻父母们喝彩

……但一旦生产完就马上接着睡。

要保持信心

33

有些鱼在迁徙途中不会睡觉。

有些鱼根据水温来调节睡眠。

像这样。

有些鱼（比如鲭鱼）似乎从来都不睡觉。

什么都没有

一些研究者认为，睡眠的作用是将一天中的经历进行整理。
这个过程发生在外界刺激很少的时间段内——比如睡眠。

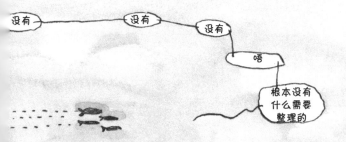

　　一些在空无一物的广袤大洋中长距离穿梭的鱼类可能根本
不需要睡眠，因为它们所处的环境本身就没什么刺激物。
　　是不是很不可思议？

好吧，说回眼睑的事。

人类的眼睑不仅仅用于在睡眠时遮挡光线，

它们主要是一套保护……

……以及湿润眼球的工具。

鱼类不需要遮光（也不需要湿润眼球）。

缝隙中十分黑暗，而且对于那些夜晚睡觉的鱼来说：晚上反正很黑。

（一条在缝隙中的鱼）

（黑夜中的鱼）

听上去可能有些可疑，但这主要是因为我们一直把目光聚焦在人类的体验上……

？ 鱼和一块乐高积木之间有什么区别？

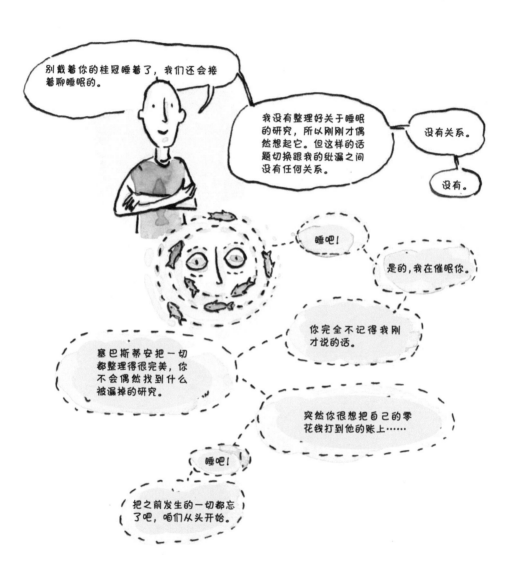

鱼和一块乐高积木之间有什么区别？

在2016年，杰奎琳·平海罗-达-席尔瓦、普里西拉·费尔南德斯·席尔瓦、博尔赫斯·诺盖拉及安娜·卡罗莱纳·卢基亚里这几位研究者表明，睡眠不足会影响某些鱼类的智力，就像对于我们智人一样。

首先，研究中的斑马鱼要进入一个记忆阶段。

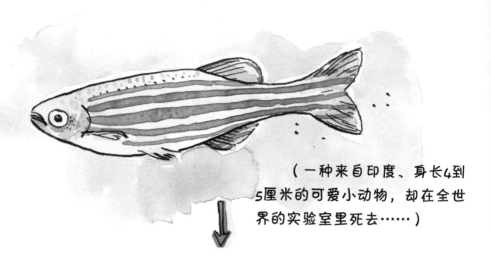

（一种来自印度、身长4到5厘米的可爱小动物，却在全世界的实验室里死去……）

研究人员将它们放进一个鱼缸中，鱼缸的每一头都放着一块乐高积木。每块积木都一模一样——一样的颜色、一样的形状。

鱼儿们用大致相同的时间观察每个积木（有些鱼会利用积木建一个梯子用来逃跑）（虽然不是真的，但这会很酷）。

接下来，这些鱼儿被分成4组。

第一组在床上静静地睡觉，鱼缸里只有一个玩偶形状的监视器，没有任何影响睡眠的东西。

跟这玩意儿一起睡！？

②第二组则"晚睡早起"，从早上7点开始就很嗨，大开浮游生物派对，凌晨1点才睡觉。

③第三组比第二组还更惨一点，它们被忽明忽暗的光线剥夺睡眠。光照4分钟，黑暗1分钟，就这样循环6小时（与前一组的"夜晚时间"一样长）。

白天，晚上，白天，晚上

④第四组不睡觉。简直是《越狱》版的极昼（鱼被关在鱼缸里，鱼缸还被关在实验室里面）。

要逃出去并不容易（尤其文身不容易附在黏液上）。

第二天，研究人员将它们放入跟第一天一样的实验场景中，不过这次……

其中一块积木的颜色变了。（因为换成了另一块积木。跟上我的说明了吗？）

那些玩偶组的鱼很吃惊，它们奔向新换的积木并积极地观察它。

然而，那些被剥夺睡眠的鱼在面对积木时，只表现出较弱的区分行为，甚至完全不能将二者区分开。鱼儿会重新观察两块积木，不像是记得它们见过其中一块的样子。

鱼儿被剥夺睡眠越严重，实验的结果就越明显。

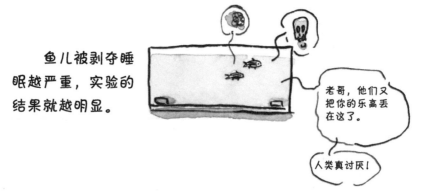

结论非常清楚：

《越狱》版塞巴斯蒂安

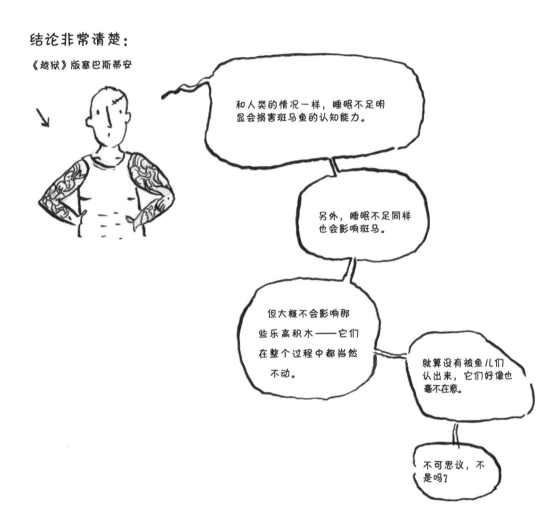

和人类的情况一样，睡眠不足明显会损害斑马鱼的认知能力。

另外，睡眠不足同样也会影响斑马。

但大概不会影响那些乐高积木——它们在整个过程中都岿然不动。

就算没有被鱼儿们认出来，它们好像也毫不在意。

不可思议，不是吗？

那些失明的鱼如何避免像没头苍蝇一样撞来撞去（在没有小·拐杖的情况下）？

（第一部分）

首先，失明或是有视力障碍的鱼常见吗？

实际上的确是这样。

某些鱼类的视力却极佳，它们的可视光谱范围比我们的还要大……

（斑马鱼能捕捉紫外线，所以它们在被留校的时候可以互相交换秘密信息，而不被老师抓住。）

……与此同时，另一些鱼类则……好吧，也不至于说很糟糕。

光线很难从层层的水中穿透，随着深度的增加，我们可以很快发现，鱼儿们不再能只靠视觉来观察它们所处的环境……

来一个小
示意图

太阳光线在
水中的穿透性

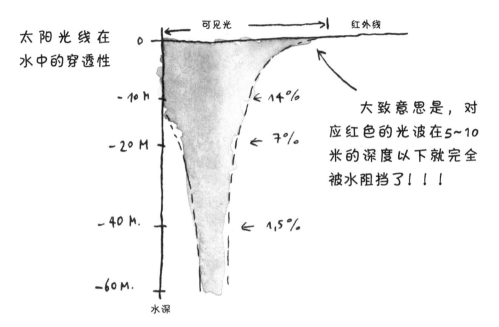

可见光　　　　　红外线
0
- 10 M　　　← 14%
- 20 M　　　← 7%
- 40 M.　　　← 1,5%
- 60 M.
水深

大致意思是，对
应红色的光波在5~10
米的深度以下就完全
被水阻挡了！！！

顺带一提，这也解释
了为什么深海鱼大多呈红
色。你可以自己思考一下
原因。

给个提示？好吧：隐形斗篷。

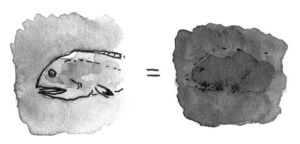

=

同样，还有生活在浑浊水体中的鱼类

在夜晚活动的鱼类

以及生活在完全黑暗的洞穴中的鱼类……

这些鱼类都属于同一个群体。对这一群体的鱼来说，视觉处于次要位置，甚至是第三位、第四位、第五位……

为了弥补这个不便之处，鱼儿们拥有一个机械感觉器官，这个器官仅仅存在于水生脊椎动物中。
它就是——

侧线

侧线在鱼身上从头部一直延伸至尾部，它的任务——如果它乐意接受的话——是探测鱼身体周围水的流动。

总的来说，鱼儿们拥有一些感受器，它们的造型介于不倒翁和栓剂之间（多么漂亮的形状）。这些感受器被称为神经丘。拥有这么酷的名字，它们也该拥有属于自己的超级英雄形象。

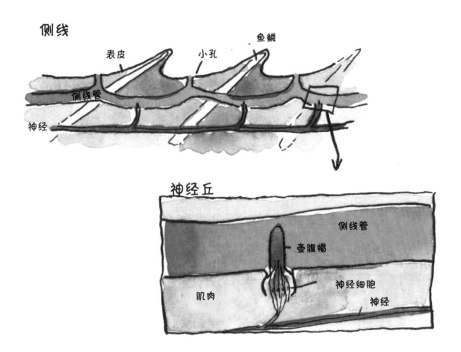

侧线

表皮　　　　　　小孔　　　　　　　　　鱼鳞

侧线管

神经

神经丘

侧线管

壶腹帽

肌肉　　　　　　　　　　　　　神经细胞

神经

这些神经丘存在于鱼儿们的头部及尾鳍，不过主要位于鱼身侧面的侧线管内部。这里的侧线管中充满了一种液体，它会对水的压力产生强烈的反应，刺激神经丘，使鱼儿们意识到环境中有什么东西改变了水的流动。

为了探测静止的物体，在运动的过程中，鱼儿们自己也会使水流产生变化（有点像在自身周围形成一个电场）。

静止的物体会改变水的扰动方式，并将一部分水波回传给鱼……

通过这种方式，洞穴鱼（比如墨西哥丽脂鲤）能在黑暗的环境中来去自如，从不会把自己的小脚趾撞在床脚上。它们甚至能够为各个地点绘制思维地图，而在此过程中完全不需要看一眼（毕竟它们也没有眼睛）。

墨西哥丽脂鲤

（这是一出极其搞笑的小小模仿秀，但它由一条墨西哥丽脂鲤出演，并发生在一个深渊洞穴里——抱歉了。）

对于那些成群结队游动的鱼类，侧线的另一作用是帮助它们做到完全同步。

这些鱼儿利用身体感受其他鱼的存在，一个微小的动作都能引起附近其他鱼的反应。

对于躲避捕食者来说，这简直太棒了。

　　如果侧线出现故障，这些鱼儿们就得为交通事故的庭外和解花上一整天的时间了。

游泳规则第一条：车辆侧面不能贴贴纸。

但是……

还有一种更酷的方式能使鱼类在移动时不需要借助视觉。

这是一种只有鱼类才拥有的感觉。

而且只存在于两种鱼中，一种在非洲，另一种在南美洲。

一种神秘的感觉。

一直不为科学家所知……

直到 20 世纪下半叶……

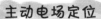

主动电场定位

关于这一部分的介绍留到以后再说！

雷电（《真人快打》中的角色）最终会获胜。这是命运。

"我给您上一点浮游生物？"
"呃……那是……所谓浮游生物到底是什么？"

好的，朋友们。

我也想用简单的方式解释。

"你看，这个世界可以被分为两部分……"

浮游动物和浮游植物。

这绝对会很棒。

……你，你属于浮游植物。"

但显然，这个世界可没那么简单。你必须做出选择。如果你选红色药丸，一切都将结束，你可以做个美梦。如果你选绿色药丸，那正好，因为这是螺旋藻，属于浮游植物，和我们的主题十分契合，这将会是一个很棒的引入介绍。

这是我过来时在地上捡到的，要吃的话风险自担。

一开始，对浮游生物的定义十分模糊，以至于帕特里克·斯威兹（美国演员，曾出演《人鬼情未了》）做梦都想用冲浪板骑在它们身上。

⇒ 大致说来，它们是一些悬浮在水中生活，且没有能力逆水流运动的生物。

rhhh

哇噢……

它们就被动地待在那里，面对不停运转的世界，却不能参与其中。生活是多么残酷啊。

啊啊啊啊啊啊啊

哎，谢谢！

（面对水流的）被动性曾被认为是浮游生物的唯一界定条件。

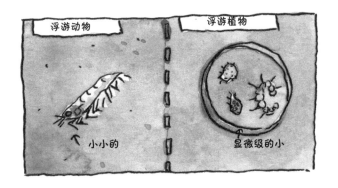

浮游动物　　　浮游植物

小小的　　　　显微级的小

　　总之，浮游生物包括浮游植物（=植物）和浮游动物（=动物），一些浮游动物在幼虫阶段还有点麻烦（就像我们一样。别撒谎，我有照片）。

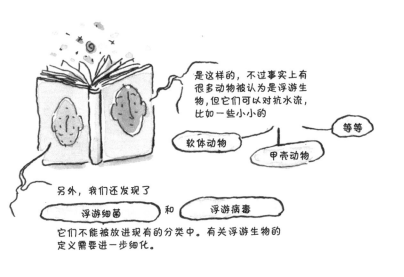

是这样的，不过事实上有很多动物被认为是浮游生物，但它们可以对抗水流，比如一些小小的

等等

软体动物

甲壳动物

另外，我们还发现了

浮游细菌　和　浮游病毒

它们不能被放进现有的分类中。有关浮游生物的定义需要进一步细化。

一开始事情好像很简单，

但之后才发现简直一团糟。

　　如果你对此没有意见，我们现在只讨论浮游动物和浮游植物。

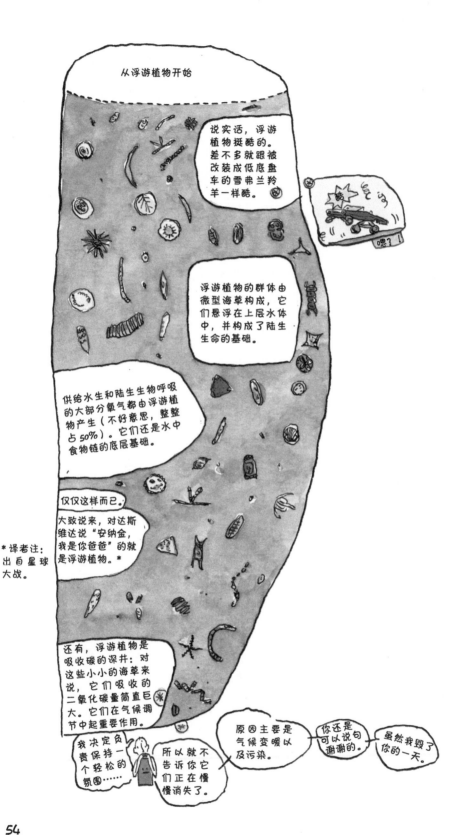

从浮游植物开始

说实话，浮游植物挺酷的。差不多就跟被改装成低底盘车的雪弗兰羚羊一样酷。

嘿？

浮游植物的群体由微型海草构成，它们悬浮在上层水体中，并构成了陆生生命的基础。

供给水生和陆生生物呼吸的大部分氧气都由浮游植物产生（不好意思，整整占50%）。它们还是水中食物链的底层基础。

仅仅这样而已。

大致说来，对达斯维达说"安纳金，我是你爸爸"的就是浮游植物。*

*译者注：出自星球大战。

还有，浮游植物是吸收碳的深井：对这些小小的海草来说，它们吸收的二氧化碳量简直巨大。它们在气候调节中起重要作用。

我决定负责保持一个轻松的氛围……

所以就不告诉你它们正在慢慢消失了。

原因主要是气候变暖以及污染。

你还是可以说句谢谢的。

虽然我毁了你的一天。

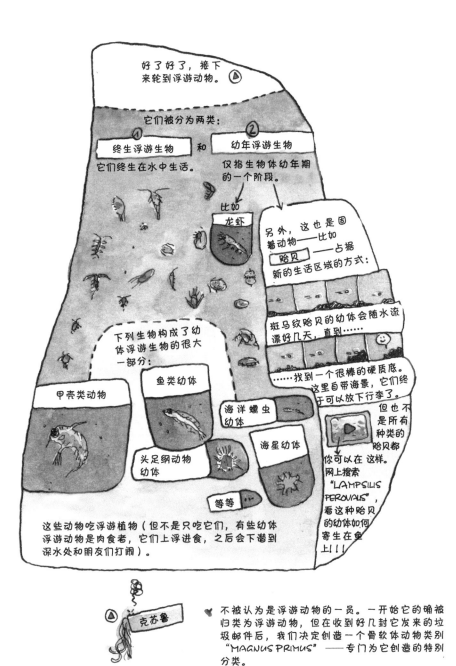

好了好了，接下来轮到浮游动物。▲

它们被分为两类：

① 终生浮游生物 和 ② 幼年浮游生物

它们终生在水中生活。

仅指生物体幼年期的一个阶段。

比如
龙虾

另外，这也是固着动物——比如
贻贝——占据新的生活区域的方式：

斑马纹贻贝的幼体会随水流漂好几天，直到……

……找到一个很棒的硬质底。这里自带海景，它们终于可以放下行李了。

但也不是所有种类的贻贝都你可以在这样。网上搜索"LAMPSILIS PEROVALIS"，看这种贻贝的幼体如何寄生在鱼上！！！

下列生物构成了幼体浮游生物的很大一部分：

甲壳类动物

鱼类幼体

海洋蠕虫幼体

头足纲动物幼体

海星幼体

等等

这些动物吃浮游植物（但不是只吃它们，有些幼体浮游动物是肉食者，它们上浮进食，之后会下潜到深水处和朋友们打闹）。

▲ 克苏鲁

不被认为是浮游动物的一员。一开始它的确被归类为浮游动物，但在收到好几封它发来的垃圾邮件后，我们决定创造一个骨软体动物类别"MAGNUS PRIMUS"——专门为它创造的特别分类。

▼ 克苏鲁神话小说中的生物，拥有章鱼头、人身和蝙蝠翅膀。

为了回答那些想知道磷虾是什么的人。

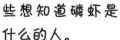

磷虾

(4.6 cm)

它们是生活在冷水中的小虾子，包括磷虾目的好几个物种。

它们也是"地球上数量最多的动物种类"俱乐部中为数不多的成员之一。

它们同样属于永久性浮游动物群体。它们不拒绝自己的天性，一生都保持浮游生物的状态并接受这个事实，穿着它们的甲壳质靴子站得笔直。

这些甲壳动物生活在庞大的族群中：一立方米的空间内有 10000 至 30000 个个体（就像黄金周的景点一样拥挤）。

它们有 5 对足，试着想象一下那里的狐臭味吧……如果真有这回事，那大海里的水只不过是磷虾排出的汗……

对磷虾们来说很不幸的是，它们也是很多动物的基础食物。这也使得磷虾成为地球上死亡率最高的生物之一。

对于那些从未想知道磷虾是什么的人，你们可以跳过上面那段直接看这里：

是的，这是骗你的。

如果不是为了让你认真读，我们为什么要辛辛苦苦画这个漫画？

与通常的观念相反，浮游动物不一定都是小小的。水母也是浮游动物——就连那些巨大的水母也是。

所以才会有那部著名电影《巨型浮游生物 VS 超大章鱼》。

（别费劲去搜了，根本没有这样的电影。）

（暂时）【戏剧性的配乐】

如果我们在水里放屁，鱼儿们会对我们有意见吗？

"气味粒子"通过水流传播。

比起在空气中，它们在水中能传播得更远。

除非我们放置一个障碍物。

⇒ 所以， **嗅觉** 是我们的水中表亲们最常使用的感觉之一。

鱼儿们拥有鼻孔。

大多数鱼的鼻孔有入通道还有出通道，有些鱼鼻孔的通道里面还有小小的板子极其复杂，可以在鼻孔内部调节水流的方向。

另外，鼻孔内部也极其复杂。

还有，鱼类的鼻孔也有很多不同的种类。

但必须知道！我们这些有鳞片的朋友们不用鼻孔呼吸。

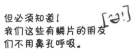

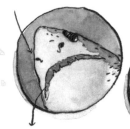

鱼儿们通过嘴巴呼吸！

好吧，虽然看起来很明显，但必须得强调一下这一事实。

也就是说，鱼儿们的嗅觉器官只起这一个作用！

有了这样的专业化分工，我们可以期待一些惊人的结果。

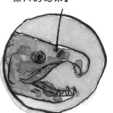

事实的确如此。

有些鱼类（比如金鱼以及一些鲑科鱼类)可以探测到
浓度接近1皮摩尔每升的分子。

1 皮 摩 尔 ：10⁻¹² 摩 尔 ， 也 就 是
0.000000000001 摩尔。要知道，一升
水中就有大约 56 摩尔的水分子……

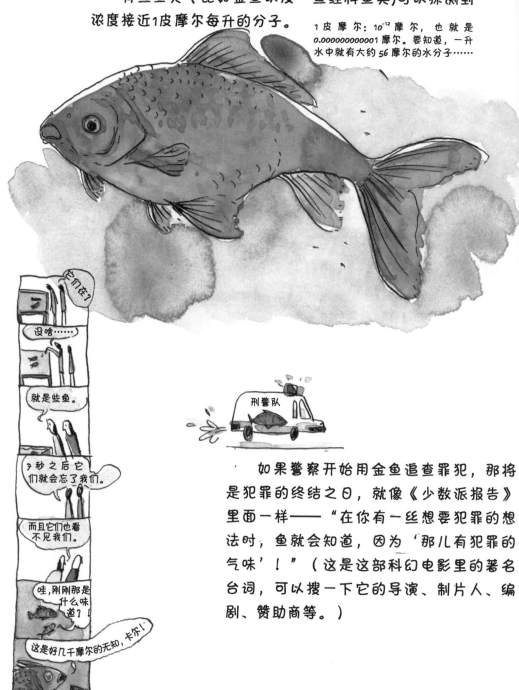

它们在？

没啥……

就是些鱼。

7秒之后它
们就会忘了我们。

而且它们也看
不见我们。

哇,刚刚那是
什么味道？

这是好几千摩尔的无知,卡尔!

好几千摩尔!

刑警队

　　如果警察开始用金鱼追查罪犯，那将
是犯罪的终结之日，就像《少数派报告》
里面一样——"在你有一丝想要犯罪的想
法时，鱼就会知道，因为'那儿有犯罪的
气味'！"（这是这部科幻电影里的著名
台词，可以搜一下它的导演、制片人、编
剧、赞助商等。）

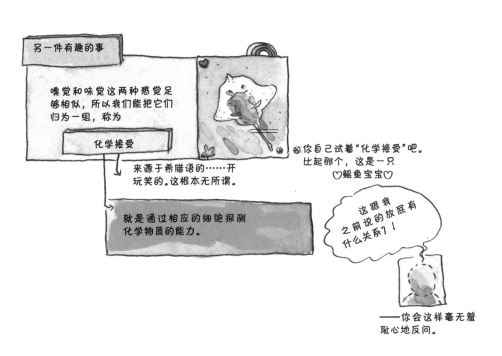

另一件有趣的事

嗅觉和味觉这两种感觉足够相似，所以我们能把它们归为一组，称为

化学接受

来源于希腊语的……开玩笑的。这根本无所谓。

就是通过相应的细胞探测化学物质的能力。

⊗你自己试着"化学接受"吧。比起那个，这是一只
♡鳐鱼宝宝♡

这跟我之前说的放屁有什么关系？！

——你会这样毫无羞耻心地反问。

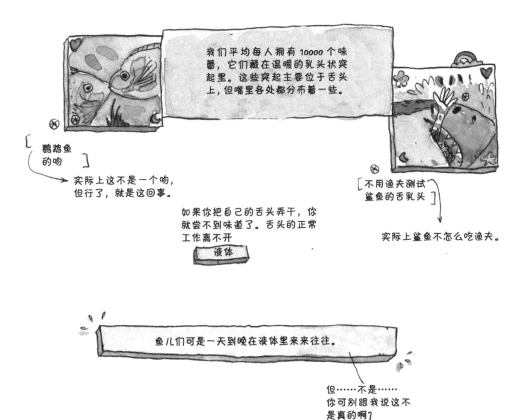

我们平均每人拥有10000个味蕾，它们藏在温暖的乳头状突起里。这些突起主要位于舌头上，但嘴里各处都分布着一些。

[鹦鹉鱼的吻]
实际上这不是一个吻，但行了，就是这回事。

[不用渔夫测试鲨鱼的舌乳头]
实际上鲨鱼不怎么吃渔夫。

如果你把自己的舌头弄干，你就尝不到味道了。舌头的正常工作离不开

液体

鱼儿们可是一天到晚在液体里来来往往。

但……不是……你可别跟我说这不是真的啊？

61

某些鲶鱼有多达了5000个味蕾，遍布全身各处。这使得它们能在很远处闻到味道。它们是货真价实的"游动的舌头"。

闭上眼睛，在一秒钟内想象一下。集中精力继续读下去吧……

超级帅气的红尾鲶鱼

如果你读到了这句话，说明你在上一句话里作弊了。

很聪明，你现在可以嘲笑那些还闭着眼睛的人了。

让我们继续。

想象你在市内的游泳池里，突然变成了一只鲶鱼……

懂了吗？
不用我再多说了吧？

所以，当你享受海水浴时，为鱼儿们着想一下……
还是在沙滩上放屁吧！

如果我们住在水里就没必要洗澡了吧?

很多种类的鱼都能起这种日用品的作用，但在这里我们只会介绍被研究得最为透彻的几种。

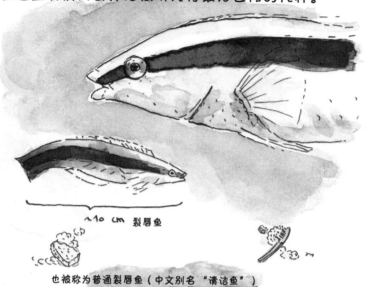

~10 cm 裂唇鱼

也被称为普通裂唇鱼（中文别名"清洁鱼"）

（实际上也没那么多画面感啦）

这些鱼来自于热带海洋（印度洋-太平洋一带），而它们的生活有些……怎么说呢……一言难尽。

首先，它们的繁殖过程从雌性开始。所有鱼都是雌性！

随着时间的流逝，它们有时会改变性别变成雄性。

雄性得保护自己的后宫（……）。

并且经营……

入口 IN

清洗站

专门服务鱼类！

PRO PRE 2000

欢迎光临

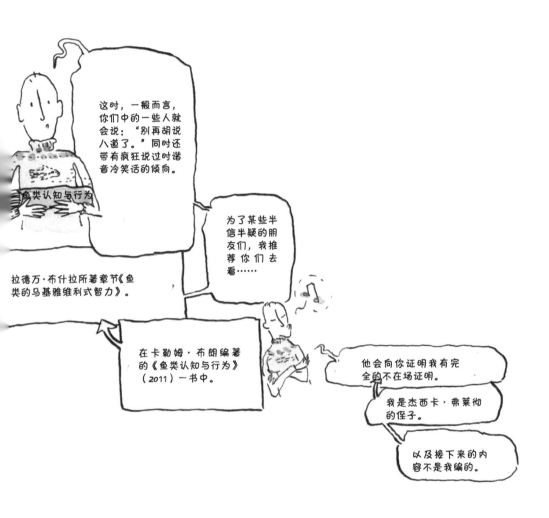

这时，一般而言，你们中的一些人就会说："别再胡说八道了。"同时还带有疯狂说过时谐音冷笑话的倾向。

为了某些半信半疑的朋友们，我推荐你们去看……

鱼类认知与行为

拉德万·布什拉所著章节《鱼类的马基雅维利式智力》。

在卡勒姆·布朗编著的《鱼类认知与行为》（2011）一书中。

他会向你证明我有完全的不在场证明。

我是杰西卡·弗莱彻的侄子。

以及接下来的内容不是我编的。

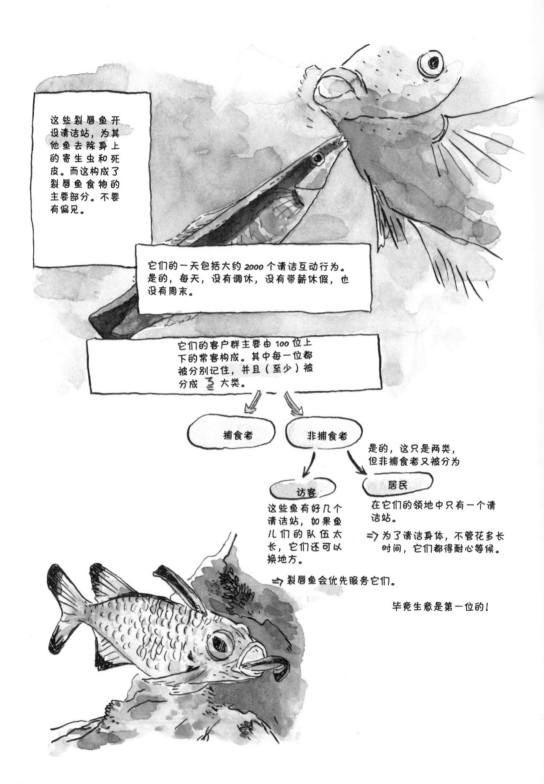

这些裂唇鱼开设清洁站，为其他鱼去除身上的寄生虫和死皮。而这构成了裂唇鱼食物的主要部分。不要有偏见。

它们的一天包括大约 2000 个清洁互动行为。是的，每天，没有调休，没有带薪休假，也没有周末。

它们的客户群主要由 100 位上下的常客构成。其中每一位都被分别记住，并且（至少）被分成 3 大类。

捕食者

非捕食者

是的，这只是两类，但非捕食者又被分为

访客

这些鱼有好几个清洁站，如果鱼儿们的队伍太长，它们还可以换地方。

⇒ 裂唇鱼会优先服务它们。

居民

在它们的领地中只有一个清洁站。

⇒ 为了清洁身体，不管花多长时间，它们都得耐心等候。

毕竟生意是第一位的！

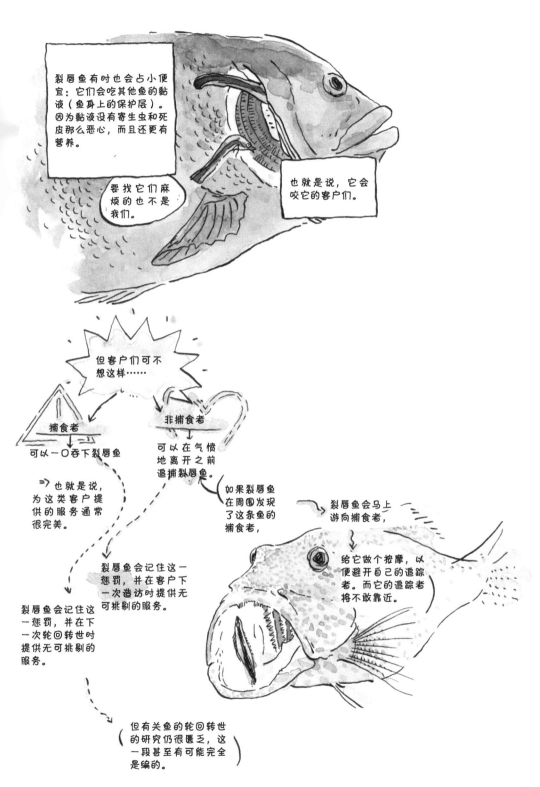

裂唇鱼有时也会占小便宜：它们会吃其他鱼的黏液（鱼身上的保护层）。因为黏液没有寄生虫和死皮那么恶心，而且还更有营养。

也就是说，它会咬它的客户们。

要找它们麻烦的也不是我们。

但客户们可不想这样……

捕食者

可以一口吞下裂唇鱼

=> 也就是说，为这类客户提供的服务通常很完美。

裂唇鱼会记住这一惩罚，并在下一次轮回转世时提供无可挑剔的服务。

非捕食者

可以在气愤地离开之前追捕裂唇鱼

如果裂唇鱼在周围发现了这条鱼的捕食者，

裂唇鱼会记住这一惩罚，并在客户下一次造访时提供无可挑剔的服务。

裂唇鱼会马上游向捕食者，

给它做个按摩，以便避开自己的追踪者。而它的追踪者将不敢靠近。

但有关鱼的轮回转世的研究仍很匮乏，这一段甚至有可能完全是编的。

所以，裂唇鱼有很多策略来保持它们的品牌形象以及大众点评上的高分。

首先，它们不会占太多捕食者的便宜。一帮懒鬼。

它们经常用鱼鳍给捕食者们按摩，以减轻它们的压力。 是的是的，这已经被证实！

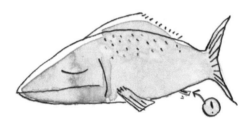

然后，它们会占那些非捕食者们的便宜——只在没人看着它们的时候……

因为如果一个客户看起来不满意，排队的鱼会马上离开。

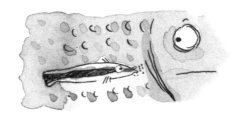

这也就是说，裂唇鱼有自我控制能力，只在很特别的情况下才会占便宜。

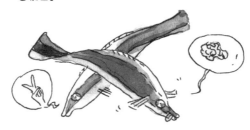

这可能看起来没什么特别的，但这一发现对于认知来说意义重大：在灵长类中，自我控制是经常与自我意识相联系的能力之一。

裂唇鱼同样可以根据每个生物体、物种、情景以及它们之前的关系来改变自己的行为。

还有一些"啃咬者"裂唇鱼，它们爱吃黏液，积习难改，便找到了一个解决方法。

当有大鱼——它们是非常优质的客户——在场时，裂唇鱼会接近作为居民的小鱼……

并给它们做按摩，但不会清洁它们，同时更多地将注意力转向大鱼。

这种积极的互动使大鱼产生信任感，并允许这些爱占便宜的"骗子"接近自己。

"马基雅维利式的智力"，是吧！

让我们以一个伴侣的故事结尾，这个故事由裂唇鱼专家拉德万·布什拉报告。

而且也许它被你忠实的仆人（作者自己）稍稍地故事化了。

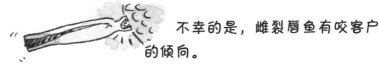

从前，有一条雄裂唇鱼和一条雌裂唇鱼，它们非常相爱。

它们会为彼此分担一切，尤其是各自的工作。

它们有时得一起照顾那些巨大的客人。这个小小的团队战胜了所有困难。

不幸的是，雌裂唇鱼有咬客户的倾向。

它逼得客人逃跑，败坏了"小鱼清洁2000"帝国的名声。

所以雄裂唇鱼最后把它逐出了家门。

逃走的雌裂唇鱼伤痕累累，它在3米远的地方开设了自己的清洁站。

那里的服务无可挑剔，临近的客户都非常满意。

但是，传说中，在视线之外，雄裂唇鱼的客户们继续长年累月地……

……遭受一个蒙面"女啃咬者"的偷袭！

我们认为鱼儿不会说话，但实际上有些鱼能唱出情歌！

（第一部分）

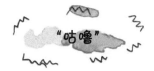

"咕噜"

安静，注意了！

年轻女孩们、女士们……所有的小鱼们，欢迎来到蟾鱼的歌唱大赛！

准备好欣赏蟾鱼们粗糙而迷人的歌声了吗？

向我们走来的是……

腋孔蟾鱼（HALOBATRACHUS DIDACTYLUS）

O.TAU

O.BETA

毒棘豹蟾鱼（O.TAU）和海湾豹蟾鱼（O.BETA）

[虽然海湾豹蟾鱼有点像变形金刚，但谁也不能保证迈克尔·贝（《变形金刚》系列电影的导演）在彻底耗尽变形机器人系列的潜力后不会转而探索这个问题。]

首先，雄鱼要找到一个巢穴。

哇哦

巢穴

♂

这些蟾鱼属于声音交流被研究得最为透彻的科之一。一是因为它们很酷，同时也是因为声音交流并没被怎么好好地研究过。

然后，它们发出声音来吸引雌性。

这种特别的情歌被称为"BOATWHISTLE"。情歌会从一阵咕噜声开始，然后再接上 1 到 5 个有曲调的震动声："噗!"

"船哨"，马克·吐温风格……

73

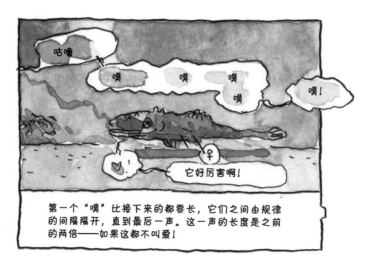

第一个"噗"比接下来的都要长，它们之间由规律的间隔隔开，直到最后一声。这一声的长度是之前的两倍——如果这都不叫爱！

还好吧，没有太兴奋？

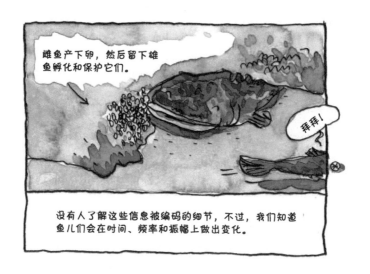

雌鱼产下卵，然后留下雄鱼孵化和保护它们。

没有人了解这些信息被编码的细节，不过，我们知道鱼儿们会在时间、频率和振幅上做出变化。

雄鱼会同时与好几条雌鱼做一样的事，所以这些卵有好几个不同的母亲。

总之，当艾伦·图灵看到这个现象时，他会在心理说："好吧，那我还是去解决恩尼格玛密码机吧。"

"噗"

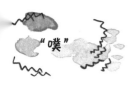

"噗"

当科学家们仔细研究这些噗噗声时，他们发现在中间的调上产生的变化非常特别，并且每条蟾鱼的声音也具有足够的规律性，使得我们可以准确地将它们区分开来，就像一句话中插入的个性签名一样。

"噗"

"噗"

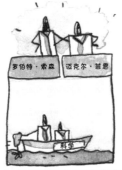

所以，在每一个季节，研究者索森和菲恩可以在完成他们的研究后回到之前的调研地，并对彼此说：

"啊，小调交响乐，这是比尔！"

歌声也会根据一天中的时间、季节节律以及类似的一大堆因素发生变化。

75

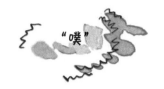
"噗"

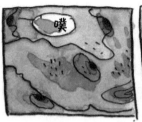

索森和菲恩发现，这些鱼儿甚至可以进行同步，以避免声音的交叠。

这可能就是一开始引入的咕噜声的作用，就像我们发言前总会清清嗓子……

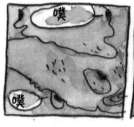
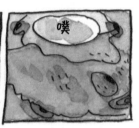

……就像当我们身处一个嘈杂的宴会上，在宣布向人求婚前必须先清清嗓子。

不过，这里所有的人都要求婚。所以必须得有缜密的组织规划！

另外，如果我们向一条鱼发出毫不停歇的歌声，让它没有办法插入咕噜声，它就会完全放弃歌唱。

（接下来，它会在公共区域留下具有被动攻击性的字条，再去投诉你夜间过于吵闹。）

不过，还有一个谜团……

好几段录音中，在震动声的中间……

出现了一声单独的、不正常的、奇怪的咕噜声。

索森和菲恩决定开始调查。

未完待续……

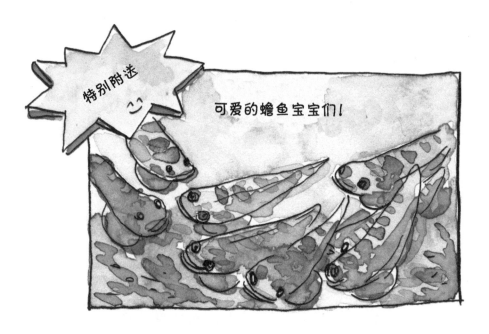

特别附送

可爱的蟾鱼宝宝们!

（在它们还很小的时候，这些蟾鱼宝宝基本上是粘在巢穴里的，一直到它们4周大。接下来，它们会紧紧依靠在父亲身边。这种程度的家长保护在鱼类里非常少见。）

我们认为鱼儿不会说话，但实际上有些鱼能唱出情歌！

(第二部分)

在上一节的最后，索森和菲恩试图弄清为什么在蟾鱼的歌声中间会出现咕噜声。调查从这里开始。

脾气很暴躁！

我很"好"*，哈哈！

*菲恩的英文FINE和"好"双关。

帮助索森和菲恩解决这个谜题！

如果你想要听录音，前往

如果你想潜入水中以尝试实地观察，前往

如果你想给鱼儿们打个电话，前往

如果你想留索森和菲恩干他们的活儿，不出一分力、只等迎接他们的工作成果，前往

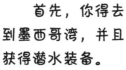

1 首先，你得去到墨西哥湾，并且获得潜水装备。

太简单了

32'000'000 $

啊

不
不
不

啊

你被巨大的失望吞没。

海洋－阳光

世界和平

轻松愉快

你要去一个旅行社，他们会给你报价。

你的银行拒绝向你贷款，尽管你承诺会用自己的感激报答他们。

银行家都没有同情心，这是他们的生理决定的，我们也没办法。

啊

尤其是在你为了专心执行这个计划而辞职后……

2 你决定听录音。

这些录音不能告诉我们任何新的信息……

在旋律部分的最中间有一个咕噜声。

啊

你不能从中推测出任何事情。

啊

我什么也不能推理出来。

叹气

于是你终日消沉、借酒浇愁……

回到起点！

于是你终日消沉、借酒浇愁。

一切都飞速恶化……

在事情变得无可挽回之前回到起点。

海豚会因为河豚的讨价还价而酩酊大醉！不骗人！

你可以在网上搜"嗑药的海豚"。

"气泡鱼"
河豚

接线员对你说，首先
要将电话打给鲑鱼家族。

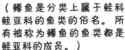

3

（鳟鱼是分类上属于鲑科
鲑亚科的鱼类的俗名。所
有被称为鳟鱼的鱼类都是
鲑亚科的成员。）

4

让你回归理性可是花
了不少时间！

回到起点。

两位研究者发现，处于支配地位的鱼会在被支配的鱼歌唱时插入它们的咕噜声。这被称为"标记"，用来提醒被支配者谁是老大。

在这项研究中，占据支配地位的鱼标记了所有其他雄性，而它自己只被标记了两次（很有可能是由于一些错误）。

占据支配地位的鱼会优先标记某一条鱼的歌声，很可能是那条正好来到它身体下方的鱼。

这简直是给自己下属的情歌里添加的恶心涂鸦。

……总之，在鱼儿的世界里也有让鱼很心烦的事情。

无论在哪儿
都不得安生。

在这段时间里，索森和菲恩叫来了警卫。

你决定孤注一掷，从窗户跳出去。

然而窗户没有碎，因为那是一张挂在墙上的
大渍地海报。

警卫把你押了出去，你有点头晕，但
还是很开心能来到这项调查的结尾。

鱼儿们在哪儿便便？它们会不会尿尿？

首先，为了照顾你们中最搞不清状况的人：是的，鱼儿们会便便。为了证明，这里是几条被逮了个正着的鱼（你得好好利用这个机会，因为除非你和一条鱼住在一起，这些图片不是那么好找的……）：

↑ 鹦鹉鱼

↑ 泰国斗鱼

↑ 慈鲷鱼

关于鱼类排泄的行为（说得文明点儿）很少被研究。我们的直觉是它们会拉得到处都是（像鸟儿一样！），因为……谁管啊！

……还有特别附送的章鱼！

噢噢噢，这不正常！！

首先，水流会使鱼的粪便流动，所以它们不像我们人类的一样，会笔直地掉下来。其次，这些排泄物不像人类的排泄物一样那么受到厌恶，因为……哥们儿，你得接受它，你和它一起泡在水里呢！

鱼的便便的气味能够提供……信息!

比如说,当一条鱼受伤时,它的皮肤就会释放出一个警告信号。一项研究证明,鲑鱼能通过同类留在捕食者的排泄物中的警告气味信息来辨认捕食者!!!

一头熊杀了我。

水下的熊便便

然而鲑鱼的捕食者到底是谁呢?!

啊,我的同事刚告诉我,目前来说是獭。

至于尿尿(是的,鱼也会尿尿),情况更加复杂:它似乎会在遭到入侵或求爱的场景中帮助传递信息。

关于这个话题,这一项科学研究非常具有代表性。

尿尿还是不尿,这是个问题。

(让我们为学者们的幽默感鼓掌。)

这是为数不多的我们几乎确定的鱼类完全自主发送的化学信号之一。

首先,我们进行了十分频繁的尿液交流。

最后,我同意与它见面了。

小便能传递很多信息,而且我们知道,鱼儿有的时候会沿着身体、鱼鳍和鱼鳃加上一种"水动力签名"!

鱼儿们能在镜子中看见自己吗（如果它们有一面镜子，虽然这并不常见）？

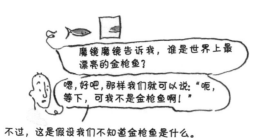

魔镜魔镜告诉我，谁是世界上最漂亮的金枪鱼？

嗯，好吧，那样我们就可以说："呃，等下，可我不是金枪鱼啊！"

不过，这是假设我们不知道金枪鱼是什么。

蓝鳍金枪鱼的大标本超过4米长，重达700千克。它们可以以80千米/小时的速度冲刺，是强大且凶猛的捕食者。

金枪鱼是海洋里的猛虎！

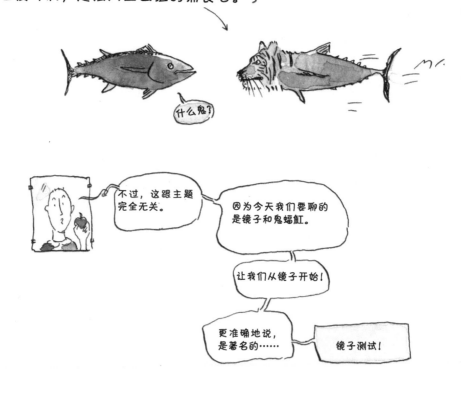

什么鬼？

不过，这跟主题完全无关。

因为今天我们要聊的是镜子和鬼蝠魟。

让我们从镜子开始！

更准确地说，是著名的……

镜子测试！

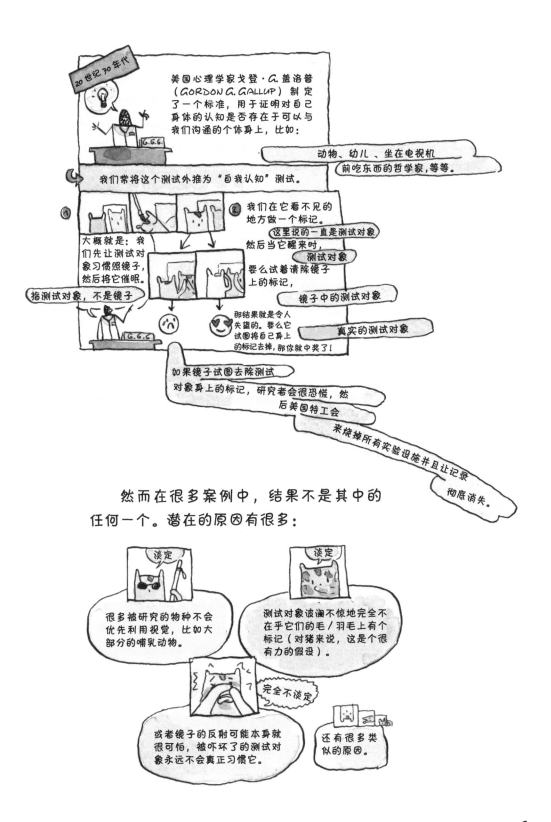

然而在很多案例中，结果不是其中的任何一个。潜在的原因有很多：

所以，如果一个生物体通过了测试，那么这是个很好的迹象。不过，如果测试失败了，我们什么结论都下不了。

证据的不存在不是不存在的证据。

就像开膛手杰克所说的那样。

鬼蝠鲼拥有一个很大的脑。

大脑质量 ── 全身质量

与那些成功通过镜子测试的动物足够相似。

事实上，这是鱼类当中最大的脑！

鬼蝠鲼每两年生一到两个宝宝。它们刚生出来的时候浑身蜷缩着，不过一切正常。（鬼蝠鲼不会照顾自己的宝宝！）

（鬼蝠鲼和人类体形的对比。）

（鬼蝠鲼的嘴朝向身体的前方，和大部分鳐总目的鱼不同。）

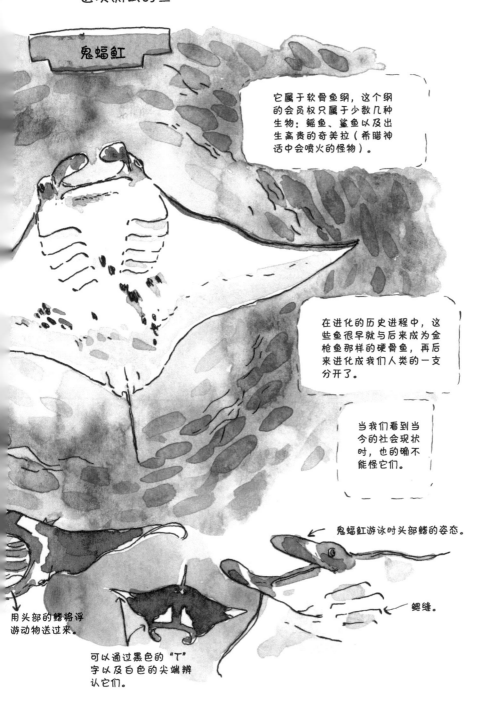

好啦!

现在,让我们来看看被一位匈牙利学者西拉·阿里拿来做这项测试的鱼……

鬼蝠魟

它属于软骨鱼纲,这个纲的会员权只属于少数几种生物:鳐鱼、鲨鱼以及出生高贵的奇美拉(希腊神话中会喷火的怪物)。

在进化的历史进程中,这些鱼很早就与后来成为金枪鱼那样的硬骨鱼,再后来进化成我们人类的一支分开了。

当我们看到当今的社会现状时,也的确不能怪它们。

鬼蝠魟游泳时头部鳍的姿态。

用头部的鳍将浮游动物送过来。

鳃缝。

可以通过黑色的"T"字以及白色的尖端辨认它们。

首先，西拉·阿里花了很多时间观察两条被捕捉来进行测试的鬼蝠魟，并记录下它们的日常行为。

提醒：鱼真的很讨厌被关起来。

显然，我们不能给鬼蝠魟做一个标记。花两秒钟看看鬼蝠魟的身体构造……

接下来，她列举出一些特别的行为。如果鬼蝠魟能在镜子中认出自己，那么就应该会出现这些行为。

就像让霸王龙试着穿上一条裤子，我们没打什么坏心眼，但有时它们的身体就不是为这个任务而设计的。

西拉·阿里陷入沉思。科学不是任何时候都那么精彩绝伦。

幸好，不管是黑猩猩还是海豚，都有别的方法能确认它们有"自我认知能力"。

对自己身体做出的动作：观察那些平时看不见的部位。

嘴巴里面

肚子

……以及其他鬼蝠魟可以通过一些方式达成的事情！

最丑海豚图画金鱼鳍奖获奖作品。

实验开始

步骤一

正在放送中

啥也没有

一块无任何反射效果，但与镜子一样大小的白色画布被放入水中。这一步是为了确认陌生物体不会改变鬼蝠魟的行为。

鬼蝠魟完全无视它，没有任何展现"自我认知"的行为。

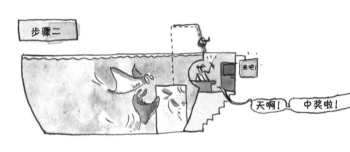

步骤二

来吧！

天啊！　中奖啦！

一面镜子被放入水池中。这下鬼蝠魟的表现完全不同了。它们在绝大多数时间里都待在有镜子的区域，然而此前它们只在18%的时间内在此区域逗留。它们开始围着镜子转，一边看镜子一边摆动它们头部的鳍。对研究者来说，这好像是鬼蝠魟在试探。

"如果我做动作，镜像也做同样的动作？"

此外，当它们面对镜子时，鬼蝠魟会转动自己的身体，使它们能看到自己的肚子，并且进行一些剧烈的减速和加速运动。

就像海豚一样，它们也会在仔细观察自己的同时吐泡泡。

91

大致说来，这些被期待发生的行为（探究性的、对身体的观察、导向自身的动作）都出现了，而且只在面对镜子的时候才会出现。这与海豚的测试结果——此结果足以确认海豚通过了测试——相似得令人震惊。

有两个原因证明这些行为不可能来自于鱼儿与镜子进行社交性互动的尝试。

① 已经有很多研究证明，鱼儿能够很好地区别镜子与另一条鱼。

② 鬼蝠魟在深入的社交关系中会展现出的行为和心理迹象都没有出现。

总而言之，我们找到了鬼蝠魟能在镜子里认出自己的强有力的证据。

针对哺乳动物，尤其是狗的"嗅觉性"测试正在开发过程中，以便测试其对自身气味的辨识，并探索这一测试能在何种程度上对镜子测试进行补充。

既然鱼儿们经常利用嗅觉，那我们必须看看对它们进行这一测试能否使……

可零零零零零零零

嗯？

啊！

哈啰！

蒂莫·汤肯的同事

蒂莫·汤肯

我刚被告知，在2009年，蒂莫·汤肯和他的同事们已经证明，慈鲷鱼可以分辨出自己和另一条鱼的气味。

就连气味很相近的兄弟姐妹也没问题。

嗯，好吧，所以这已经被付诸实践了。

自我认知这一课题十分复杂，所以我们现在不会下任何结论。不过，这些研究工作一定会打破许多偏见，并鼓励更多新的研究……

……并让我们能出版很多书，
再给我们赚很多钱
不管怎样，出书还是今天科学研究的主要目标。

附：在这部漫画从创作到编辑出版的这段时间里，裂唇鱼找到了一种方式来通过完整版的镜子测试，也就是说有颜色标记的那种。这一结果恐怕会使很多东西推倒重来。
裂唇鱼……认真的吗……

鳞片是什么？它们有感觉吗？

事实上，硬骨鱼类（也就是大部分的鱼）都有一层表皮和一层真皮，就跟我们人类一样。

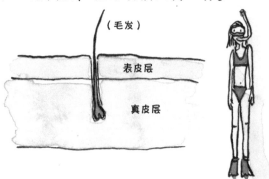

（毛发）

表皮层

真皮层

不过在鱼儿们身上，骨质赘生物会从真皮层中突出来，它们被叫作

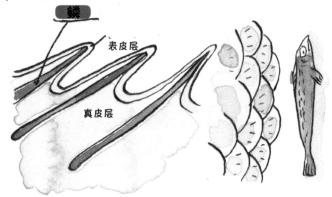

鳞

表皮层

真皮层

表皮覆盖在鱼鳞上，而表皮之上又覆盖着黏液。

黏黏的薄膜

（实际上黏液是看不见的，这些小线条是一种造型效果，但荒唐至极……）

黏液帮助它们在水中游动，并保护它们不受感染和寄生虫的危害，以及污垢，还有盐。

如果我们擦掉鳗鱼身上的黏液，它会因为水中的盐分过高而死去。

所以，像人类一样，鱼儿们也有表皮覆盖在表面，并且通过神经末梢接受不同的刺激。

温度

接触

等等

所以，鱼儿的皮肤是有感觉的。

此外，在刺尾鲷鱼身上做的研究显示，在鱼儿有压力时，使它们平静下来的最佳方法是……

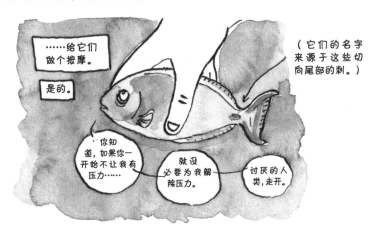

……给它们做个按摩。

是的。

（它们的名字来源于这些切向尾部的刺。）

你知道，如果你一开始不让我有压力……

就没必要为我解除压力。

讨厌的人类，走开。

趣味知识
第一卷

鲨鱼的鳞片（鲨鱼是软骨鱼类而不是硬骨鱼类）十分奇怪，事实上，它们等同于我们的……牙齿。

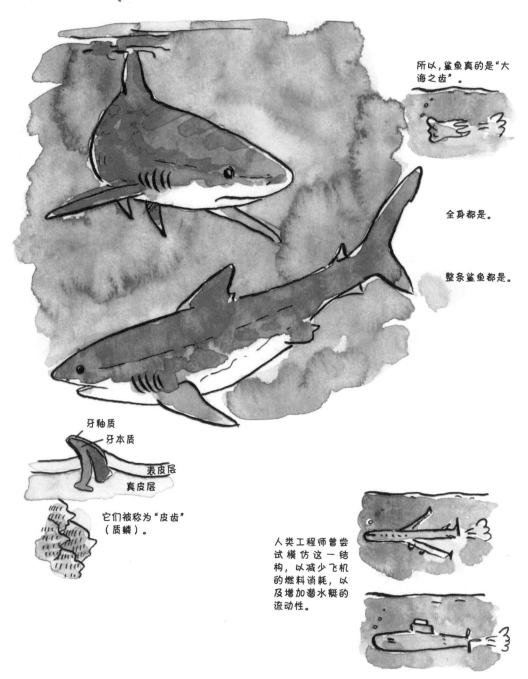

所以，鲨鱼真的是"大海之齿"。

全身都是。

整条鲨鱼都是。

牙釉质
牙本质
表皮层
真皮层

它们被称为"皮齿"（质鳞）。

人类工程师曾尝试模仿这一结构，以减少飞机的燃料消耗，以及增加潜水艇的流动性。

 并不是所有鱼都有鱼鳞，比如鲶鱼
就没有。它们赤身裸体地在河里散步。
而正直老实的家庭也在这儿游泳。

可恶的嬉皮士。

鱼儿们能不能预知未来，就像章鱼保罗那样？

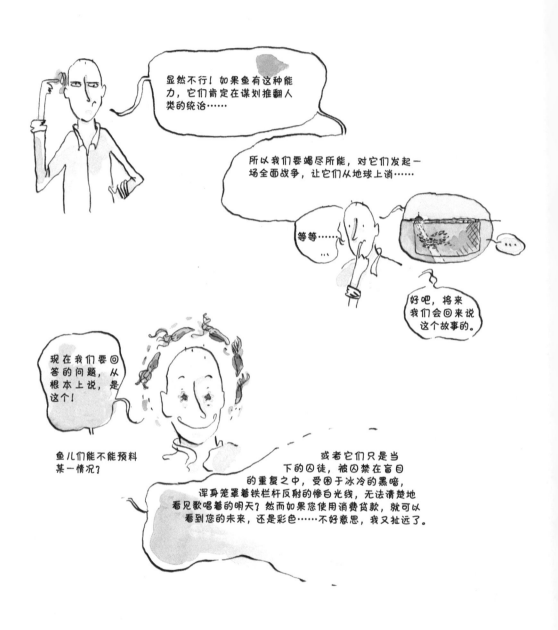

不说这些强行押韵的诗了。让我们用一项研究来回答这一问题，只出现一回的事可算不上不足为奇。

让我们先有请这一场剧的主人公：

裂唇鱼

黑帽捲尾猴

黑猩猩

婆罗洲猩猩

R.布什拉

被驯化的人类

反正智人在我的猫看来就是这样……

他的小伙伴

故事从2010年一个美丽的清晨开始，来自纳沙泰尔大学的生态学家拉德万·布什拉从事的是关于裂唇鱼的研究，他的头几乎要秃了，但这不重要。他还喜欢跳水，尤其是在埃及跳水。他决定和几个灵长类动物学家合作来对比灵长类和裂唇鱼的认知能力。

因为人们已经受够了"灵长类"俯视一切生物的形象。

除非是在《猩球崛起》系列影片里面，尤其是第一部。（我们对电影的评论好像有点过于频繁，不是吗？）

目标：预估未来的情况并且做出相应的反应。

是的。

面对这类任务，灵长类经常展现出很强的能力。但在这个例子里，任务指的是裂唇鱼的进食活动。

它们会吃其他鱼身上的寄生虫，并为它们提供免费清洁服务（给鱼提供，不是给寄生虫）。

规则：实验对象面前有两个装着甜食的盘子，盘子的颜色是不同的。

红色盘子每回都固定出现，但如果实验对象首先吃红色盘子里的甜食，蓝色盘子就会马上被拿走。所以，为了吃到两个盘子里的食物，实验对象必须从蓝色盘子开始。

在它们平常生活的环境中，裂唇鱼必须和它们的食物来源——顾客商量，而如果它们让客户等太久，客户就会去竞争对手那里。

所以，裂唇鱼就需要从那些最有可能离开的顾客开始，然后再照顾那些领地里没有其他裂唇鱼竞争者的鱼。

总体而言，灵长类动物都不太喜欢这项实验，黑帽捲尾猴甚至直接抓住了实验设计的漏洞：它们同时抓住了两个盘子。

（应该由此发明一个陷阱系统。）

总之，当我们在实验中稍微重视观察一下黑帽捲尾猴，很快就会发现，它们是最厉害的捣蛋鬼。

另外一边，拉德万·布什拉也在自己家里进行了这项实验，对象是他4岁的女儿。

灵长类的表现果然远不及人们的期待，裂唇鱼却以一种极具速度与激情的方式惊呆了所有人：它们只试了几次就理解了这项任务。

那个4岁的小姑娘呢？
还是不说这个了吧，毕竟还有自尊心什么的。

她一次都没有成功。

接下来，科学家们悄悄地把原先的实验设计反了过来：先前不会每次出现的颜色变成了固定出现的，反之亦然。

总之，当我们在实验中稍微重视考察一下人类，很快就会发现，他们都是最毁坏的捣蛋鬼。

再一次，裂唇鱼又首先
理解了。虽然不知因为什
么，规则发生了改变，但它
们做出了正确的调整。

这一回黑
帽捲尾猴
紧随其后。

这是一种在它们的自然环境中
不存在的变化。这一实验证明了它
们超群的认知灵活性。

(一位"客户")

好吧，我们没再测试那个女
孩，因为你总得先通过第一部
分……

好了好了，
大家都明白。

更为惊人的是：

只有那些在野生环境中被捕获的成年裂唇鱼能成功通过
测试。相比之下，幼年裂唇鱼的表现就差很多。

也就是说，与客户的关系（即社会经验）
对于构建这种理解力是很重要的。

在训练阶段，暂时性的盘子
会被拿走，一旦盘子被放回
来，裂唇鱼就会游到它边上，
用自己的鱼鳍给它一些触觉
的刺激（就是那些小小的按
摩！）。这种行为是和解的
表现，通常留给那些"不满"
的客人。

比起其他被测试的物种，对裂唇鱼来说，"寻找食物"和"社
会关系"这两件事之间的联系似乎要紧密得多。
毕竟，需要和自己的食物谈判这种现象并不常见。大部分情况下，
获得食物是一种单方面的行为。

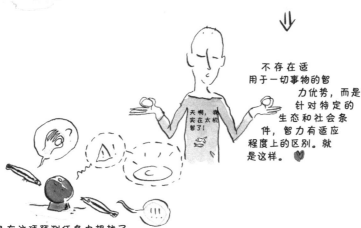

不存在适
用于一切事物的智
力优势，而是
针对特定的
生态和社会条
件，智力有适应
程度上的区别。就
是这样。

裂唇鱼在这项预测任务中超越了
好几种灵长类动物，并以这种绝妙
的方式向我们证明了这个道理。

裂唇鱼完全能够预想未来的情况，以评估自己的行
为可能带来的后果，并据此做出调整。

这越发激起了我们对裂唇鱼的好奇
心，对不对？已经安排上了！

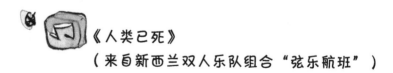
《人类已死》
（来自新西兰双人乐队组合"弦乐航班"）

鱼儿们会自杀吗？

"这个问题完全没法回答。就是这样。请您——"

"唰唰"

嗯？什么？

呃……

好吧，为什么我们没法回答这个问题？

很简单，因为如果我们试图回答，就必须要在类似自杀的行为发生之前判断一条鱼有没有抑郁症状。

X 200000 条鱼

别笑，有一项研究就在挪威养殖的鲑鱼中发现了和人类很相似的抑郁症状。

~20~50 m.

~50 m.

就跟一个浴缸感觉差不多。对于这些能够长到85厘米长、迁徙数千米的动物，想想看吧……

"抑郁"的鱼会停止进食、精神麻木、静止不动、不再生长，就这样让自己死去。

→ 所以，如果我们生活在同样的环境里，用不了多久也会抑郁的，对吧。

据我所知，这就是与鱼类的自杀最为接近的例子了……

好吧，那为什么有那种从鱼缸里跳出来的鱼呢？？？

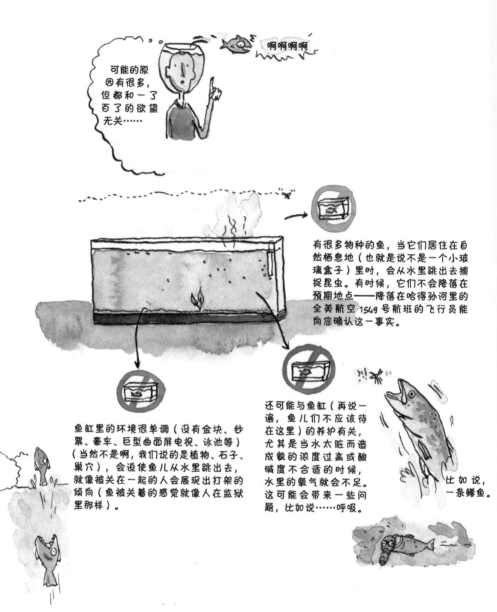

可能的原因有很多，但都和一了百了的欲望无关……

啊啊啊啊

有很多物种的鱼，当它们居住在自然栖息地（也就是说不是一个小玻璃盒子）里时，会从水里跳出去捕捉昆虫。有时候，它们不会降落在预期地点——降落在哈得孙河里的全美航空 1549 号航班的飞行员能同您确认这一事实。

鱼缸里的环境很单调（没有金块、钞票、豪车、巨型曲面屏电视、泳池等）（当然不是啊，我们说的是植物、石子、巢穴），会迫使鱼儿从水里跳出去，就像被关在一起的人会展现出打架的倾向（鱼被关着的感觉就像人在监狱里那样）。

还可能与鱼缸（再说一遍，鱼儿们不应该待在这里）的养护有关，尤其是当水太脏而造成氨的浓度过高或酸碱度不合适的时候，水里的氧气就会不足。这可能会带来一些问题，比如说……呼吸。

比如说，一条鳟鱼。

总结一下：

我们不知道鱼会不会自杀，但那项来自挪威的研究似乎说明，在"绝望"之中，鱼可能会放任自己死去。

那些失明的鱼如何避免像没头苍蝇一样撞来撞去（在没有·小·拐杖的情况下·）？

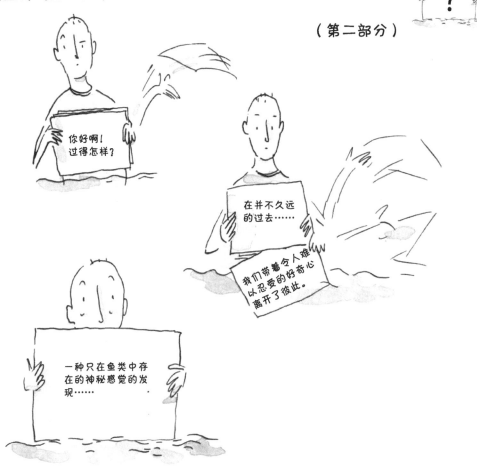

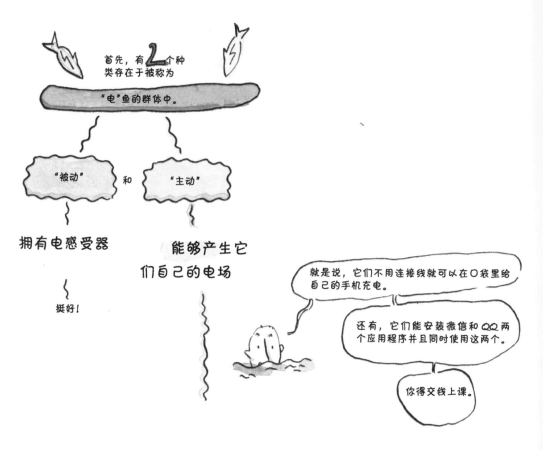

首先，有 **2** 个种类存在于被称为

"电"鱼的群体中。

"被动" 和 "主动"

拥有电感受器 能够产生它们自己的电场

挺好！

就是说，它们不用连接线就可以在口袋里给自己的手机充电。

还有，它们能安装微信和 QQ 两个应用程序并且同时使用这两个。

你得交钱上课。

这种感觉很独特——它只存在于（啊，是的，没有其他的了）**2** 种鱼中。在这两种鱼里，这一能力是独立进化的：

1

象鼻鱼科

其中最有名的是彼氏锥颌象鼻鱼。

它们栖息在非洲，比如尼罗河湍急的淡水流中。

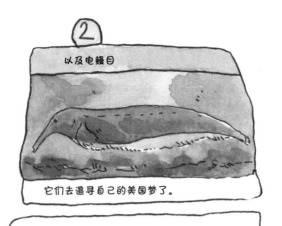

以及电鳗目

它们去追寻自己的美国梦了。

虽然大多数电鱼只产生微弱的电流，电鳗目里的一个成员却有点儿……怎么说呢……过头。

ELECTROPHORUS ELECTRICUS

名字很带感。

也被称作电鳗。

这顺理成章，因为……它不是鳗鱼的一种。

给鱼起名的又不是我，

别这么看着我了。

电鳗发出的电流的电压可以超过800伏，能杀掉✖一个人，并且眼睛都不眨一下。

✖尤其是如果这个人心脏很脆弱。

如果你在游泳池里而它打了个嗝，那么你要提高警惕，我们永远不知道下一秒会发生什么。

同样，我们永远不可能和电鳗做朋友，因为它每次进门时都会让电路跳闸。

109

电鱼们都有一个发电器官。

它产生电流

即 EOD 脉冲

电器官放电

象鼻鱼的发电器官：

在尾巴连着身体的部位

电鳗的发电器官：

在身体侧面

规律的放电会在鱼的身体周围包裹上一种电流做的"茧"。

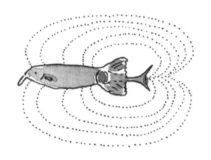

即使是很微小的电场变化都能被鱼探测到。

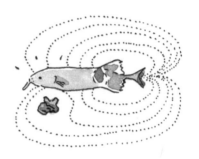

电场变化会将物体的图像返回给鱼，而鱼则会感知到这个图像。它的感觉器官是……皮肤。

所以它用皮肤看东西！

⚠ 示意图并不太准确……

传回的图像可能很扭曲，还有点模糊，但在彼氏锥颌象鼻鱼🐘身上，我们发现了相当于2个中央凹的视觉区域！

人眼深处、视网膜上的高敏锐度视觉区。

在鼻子的附近，负责判断方位。

（它在泥土中翻找……）

另外一个是它的"大象鼻孔"，它被用于摄取食物。（实际上这是它的下颌！！）

我们认为它很擅长社交，十分团结而且特别聪明！

讲真，给这些鱼起名的人应该站出来谴责自己。给它们起一个陆地动物的名字是什么意思？！！到水里去吧！

小宝宝版本

这些鱼似乎能"看见"不同物体的电学性质，科学家们把这种能力比作我们对颜色的辨认。

颜色的本质是波的波长，而亮度则是波的振幅。对于这些鱼来说，电容就像是波长，而电阻就像是振幅。

想象一下：一个金属球会使鱼"看见"的图像中央的一部分电场聚拢，相反，一个不导电的球则会使图像中央的电场强度变弱。

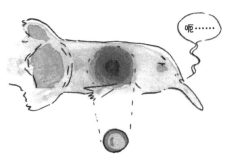

呃……

顺带一提，象鼻鱼很讨厌铁球，因为那看起来就像"刺眼的亮光"……

科学家们

设计了一个实验……

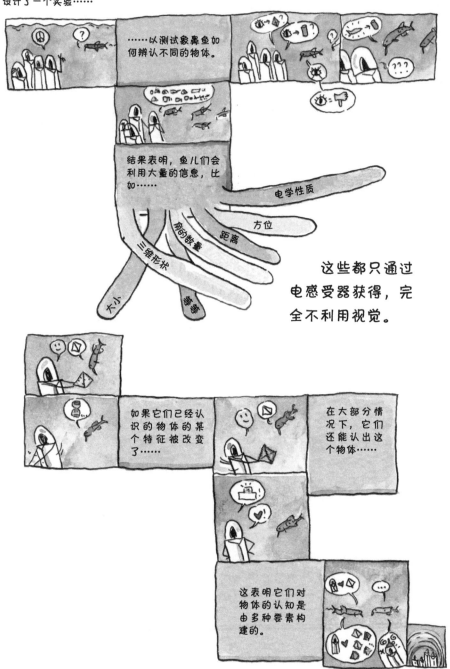

……以测试象鼻鱼如何辨认不同的物体。

结果表明，鱼儿们会利用大量的信息，比如……

电学性质

方位

距离

角的数量

三维形状

大小

等等

这些都只通过电感受器获得，完全不利用视觉。

如果它们已经认识的物体的某个特征被改变了……

在大部分情况下，它们还能认出这个物体……

这表明它们对物体的认知是由多种要素构建的。

这种拥有由交错的斑点形成伪装色的鱼也是电鱼的一员。这是太平洋电鳐，学名TORPEDO CALIFORNICA。它也会发射电波。

从上空看到的样子。

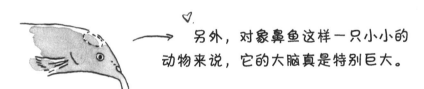

另外，对象鼻鱼这样一只小小的动物来说，它的大脑真是特别巨大。

哺乳动物的进化似乎给大脑的能量消耗设置了一个上限——它只被允许消耗生物体总耗氧量的2%~8%。

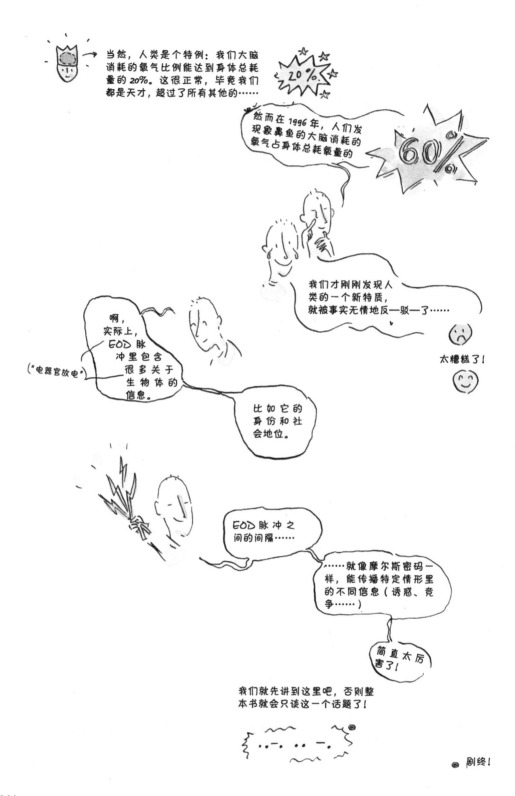

当然，人类是个特例：我们大脑消耗的氧气比例能达到身体总耗量的 20%。这很正常，毕竟我们都是天才，超过了所有其他的……

20%

然而在 1996 年，人们发现象鼻鱼的大脑消耗的氧气占身体总耗氧量的

60%

我们才刚刚发现人类的一个新特质，就被事实无情地反一驳一了……

太糟糕了！

啊，实际上，EOD 脉冲里包含很多关于生物体的信息。

("电器官放电")

比如它的身份和社会地位。

EOD 脉冲之间的间隔……

……就像摩尔斯密码一样，能传播特定情形里的不同信息（诱惑、竞争……）

简直太厉害了！

我们就先讲到这里吧，否则整本书就会只谈这一个话题了！

..-. ..

剧终！

为什么螃蟹横着走？

欢迎来到新一集的《螃蟹种子》，关于螃蟹的每日节目，与杂志《螃蟹和未来》《螃蟹和太空》以及《外交螃蟹》联合为您放送。

"今天来到我们节目的是让·螃蟹，它会给我们解释为什么螃蟹都横着走。"

"让·螃蟹，交给您了。"

"谢谢，博·螃蟹！"

螃蟹种子 CRABE 螃蟹.FM

"人们提出了两种假说。"

第一种假说是，在进化的过程中，又扁又长的身体更能适应环境，因为这种身形使螃蟹能钻进石头底下以及岩缝中，或是将自己隐藏在沙子里。

用来爬行的足

螃蟹的足长在身体两侧，而且足上的关节是向外打开的。对于这种解剖结构来说，侧面行走是最自然的方式。

"然而，当我们谈及'这种解剖结构'……"

这涉及好几千个物种，在它们之间，身体形态上的差异非常大。

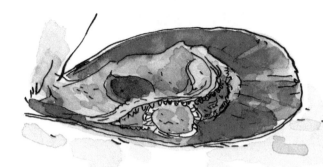

从生活在贻贝里
的小螃蟹……

这是豆蟹
(PINNOTHÉRE PISUM)。
=它的大小!

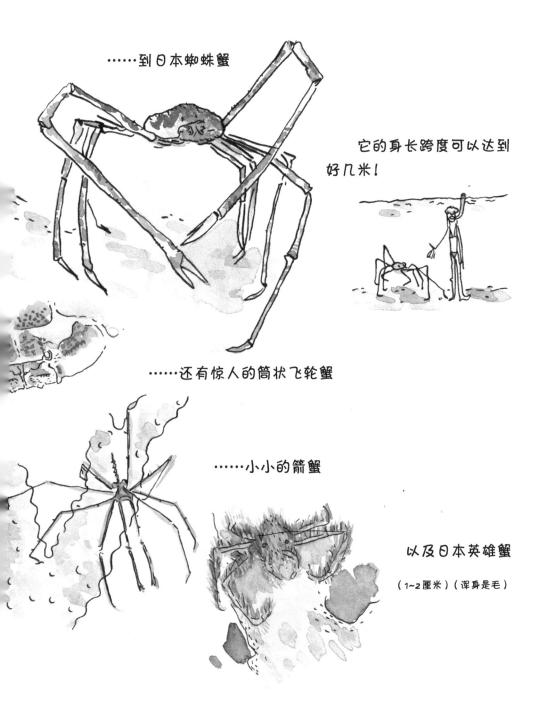

……到日本蜘蛛蟹

它的身长跨度可以达到好几米！

……还有惊人的筒状飞轮蟹

……小小的箭蟹

以及日本英雄蟹

（1~2厘米）（浑身是毛）

附赠

两只招潮蟹
在泥里争斗。

第二种假说……

……则是螃蟹有一个隐藏计划，就是占领好莱坞，以便遇见蟹梅隆·迪亚兹，并成为专注于推轨镜头的"蟹影师"。

此外，业内传闻韦斯·安德森只与螃蟹团队合作。

你自己判断，但《月升王国》绝对是一部优秀的电影。

而且我不是因为韦斯才这么说的！

总结一下！

旭蟹

它们圆圆的，可以被捧在手里。

有些螃蟹是朝前走的。

你必须知道的是，这些螃蟹是蛙蟹科奇怪的成员们。这个科有点像村子里孤零零的一家人，其他家庭一边对它们指指点点，一边说："你知道的，蛙蟹科……它们和我们这些螃蟹不一样。"

118

椰子蟹非常大且强壮，它们甚至可以爬树，还能用钳子开椰子。

它们能搬动重达28千克的物体，也就是相当于一个七八岁小孩的重量。

它是最大的陆地节肢动物。

而且严格意义上它不是螃蟹
（它和寄居蟹属于同一个科。）

I WANT TO BELIEVE

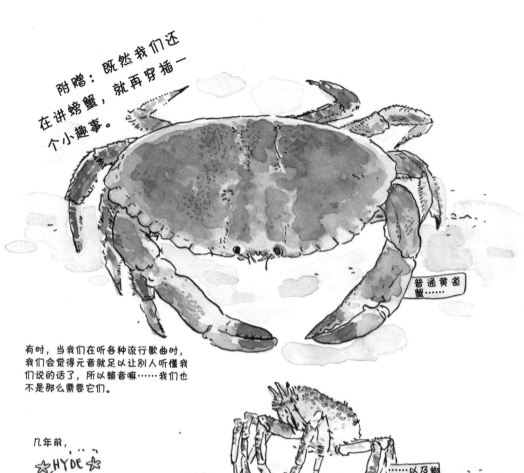

附赠：既然我们还在讲螃蟹，就再穿插一个小趣事。

普通黄道蟹……

有时，当我们在听各种流行歌曲时，我们会觉得元音就足以让别人听懂我们说的话了，所以辅音嘛……我们也不是那么需要它们。

以及蜘蛛蟹……

是最常被人类食用的两种螃蟹。

几年前，

☆HYDE☆

来自日本组合"L'ARC~EN~CIEL"（真的叫这个名字）的歌手，在两首歌之间与巴尔的摩的观众东拉西扯。突然他问了一句：

"DID YOU EAT CRAB？"

在中文里就是："你吃螃蟹了吗？"

有一小群不管歌手说什么都会疯狂喊叫的人忠实尽责地回应"耶——！"此时主宰整个房间的却是一种谨慎的沉默。不幸的是，我们可爱的

☆HYDE☆ 日本口音太重，以至于他把B念成了P……所以听众听到的是

DID YOU EAT CRAP？

在中文里就是："你们吃屎了吗？"

☆HYDE☆ 意识到了观众的骚动，放弃了继续问这个问题。然后，在一群又感到好笑又目瞪口呆的观众面前，他大喊了一声： 我也是！！！！

所以，有了这两个十分相近的辅音，实在不值得冒着把它们搞混的风险去吃螃蟹。我们永远不知道事情最后会如何发展。

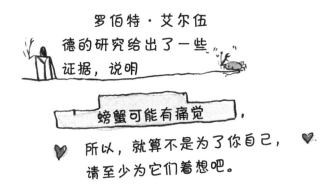

罗伯特·艾尔伍德的研究给出了一些证据，说明

螃蟹可能有痛觉，

♥ 所以，就算不是为了你自己， ♥
请至少为它们着想吧。

这样，如果有一天 ☆HYDE☆ 向你提出这个问题，你就可以放心地回答"没有！" NOOOOO!
不用担心自己理解错。

至少我们希望是这样。

为什么飞鱼要飞?

2003 年，研究人员观察到两条正在浓情蜜意地求偶的大西洋飞鱼。它们身上的颜色光彩夺目，但这只会出现在求偶时期——情人们正竭力地展示自己。

雌鱼静止不动，它巨大的、在水面会变成翅膀的鱼鳍向两边展开，而雄鱼则以垂直于雌鱼的"8"字形跳舞。

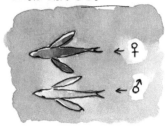

每次经过雌鱼面前时，雄鱼都会轻轻碰一下对方的脑袋。

如果鱼鳍是上下叠着的话，那游泳就成了大难题。或者，如果想要直着游，那就得侧着身子了。总之，进化会注意到这些小细节。

几次之后，雄鱼就会开始围着雌鱼以顺时针方向转圈，此时它的右鳍（也就是里面的鳍）是伸展开的。

左鳍则是收起的

爱情给我们插上翅膀，每个情人都会幸福得升天，而这就是为什么飞鱼要飞。

在你做出回应之前必须承认，雄鱼的"8"字泳很棒，不是吗?

嗯嗯。这毫无说服力，我明白。关于展示自己的说法是真的，但那大概不是飞鱼要飞的原因。

事实上，直到今天，我们根本不知道它们为什么要飞。一些科学家认为，这是一种躲避捕食者的方式。

　　但有时我们发现，它们在没有捕食者的情况下也会飞。其他人还提出了一些并不是很可信的假说——节省能量、快速从A点到达B点（因为它们在空气中比在水中速度快）等。

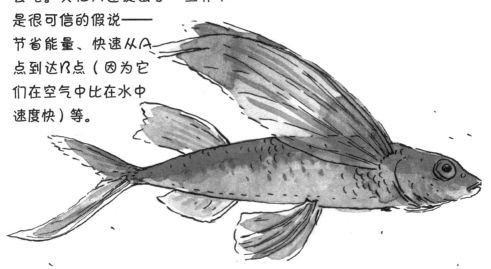

但现实就是，科学家们在这里碰壁了。简单纯粹。

　　飞鱼在20世纪初引起了人们的兴趣，那时最早的飞机刚被发明出来。除此之外还有一些小岛，它们在那儿引起了重大渔业争端，比如在巴巴多斯（飞鱼在那儿是道国菜）及特立尼达和多巴哥之间。但我们对于这些物种的习性几乎一无所知。

接下来，我们就用两三件别的事情来替代，把这个空间占满。

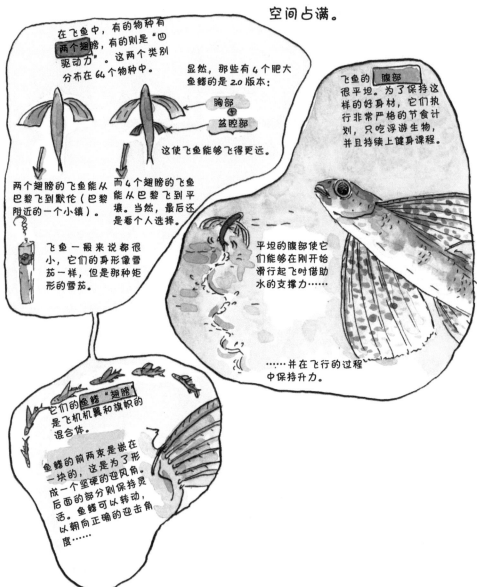

在飞鱼中，有的物种有 **两个翅膀**，有的则是"四驱动力"。这两个类别分布在64个物种中。

显然，那些有4个肥大鱼鳍的是2.0版本：

胸部 + 盆腔部

这使飞鱼能够飞得更远。

两个翅膀的飞鱼能从巴黎飞到默伦（巴黎附近的一个小镇）。

而4个翅膀的飞鱼能从巴黎飞到平壤。当然，最后还是看个人选择。

飞鱼一般来说都很小，它们的身形像雪茄一样，但是那种矩形的雪茄。

飞鱼的 **腹部** 很平坦。为了保持这样的好身材，它们执行非常严格的节食计划，只吃浮游生物，并且持续上健身课程。

平坦的腹部使它们能够在刚开始滑行起飞时借助水的支撑力……

……并在飞行的过程中保持升力。

它们的 **鱼鳍 "翅膀"** 是飞机机翼和旗帜的混合体。

鱼鳍 的前两束是嵌在一块的，这是为了形成一个坚硬的迎风角，后面的部分则保持灵活。鱼鳍可以转动，以朝向正确的迎击角度……

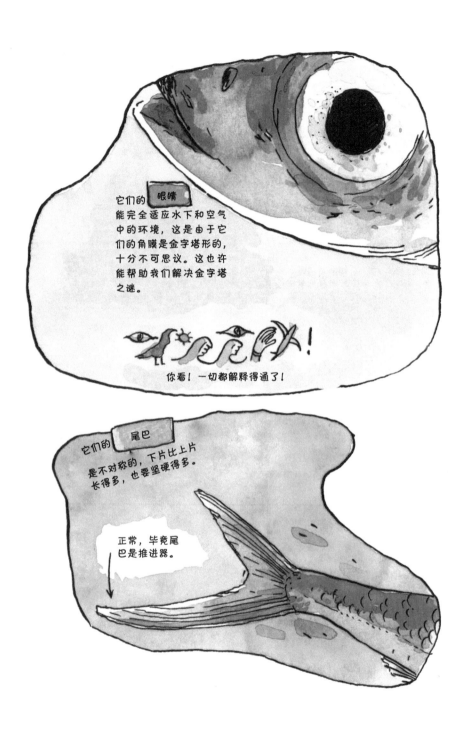

它们的 眼睛 能完全适应水下和空气中的环境，这是由于它们的角膜是金字塔形的，十分不可思议。这也许能帮助我们解决金字塔之谜。

你看！一切都解释得通了！

它们的 尾巴 是不对称的，下片比上片长得多，也要坚硬得多。

正常，毕竟尾巴是推进器。

飞鱼如何起飞？

首先，它们要在水下掌握风向。

 你知道它们是怎么做到的吗？不知道？实际上我们也不知道，没人了解。其实无所谓，反正它们不是在水下看到波浪的方向，就是用侧线来感知，或者什么类似的。

然后，它们通过收起来的鱼鳍加速。在达到一定速度之后，它们就会迎着风，呈30度角钻出水面。
在风洞中进行的实验证明，这是一个最佳角度。
鱼儿们知道这一点。
鱼儿们是最强的。

这时，它们将胸部的鳍向空气中自由地伸展开。这时尾部还在水里，以飞快的速度剧烈地拍动，以获得起飞的动力。就像飞机一样，或者短跑运动员。但最后它真的会起飞。这会使奥运会变得更激动人心——当然我只是随口一说。毕竟我们不是要拍动……等下，你在想些什么啊？

它们平均要在水面上加速9米才能起飞。

接着，那些有4个肥大的鳍的飞鱼也会伸展开盆腔部的鱼鳍。那些没有4个鳍的飞鱼会表现得非常严肃，精神集中。这是为了不被误认为炮弹。然后它们就起~飞~了。

它们的巡航速度能达到将近70千米/小时。尽管它们大部分时间都在水面上1.5米的高度滑行,但它们也能上升到6~8米的高度,有时候还会直接掉到观察者的船上。

这时,"系好安全带"的指示灯熄灭,但"禁止吸烟"的指示灯还亮着。

如果没有船,它们就会平行于水面滑行。

(不能对那些身形像雪茄的飞鱼提及这个。)

(以前发生过意外。毕竟,以70千米/小时的速度抽烟,呃……)

飞鱼鱼鳍的形状和燕子的翅膀很相似，而且它们的滑行也和鸟类一样高效。

它们真的会飞！

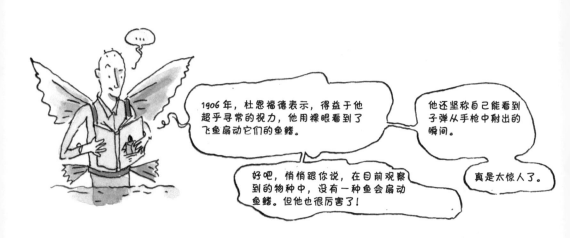

1906 年，杜恩福德表示，得益于他超乎寻常的视力，他用裸眼看到了飞鱼扇动它们的鱼鳍。

他还坚称自己能看到子弹从手枪中射出的瞬间。

好吧，悄悄跟你说，在目前观察到的物种中，没有一种鱼会扇动鱼鳍。但他也很厉害了！

真是太惊人了。

至少杜恩福德给《黑客帝国》提供了灵感。

或者没有。

遗憾啊，哥们儿，太遗憾了。

鱼儿们看到的海也是蓝色的吗?

我要向你揭露一件事情。

坐下吧!

大海不是蓝色的。

哦!??

它反射的是天空的颜色。

天空也不是蓝色的。

哦!?

如果我们排除海底泥土和空气产生的光线散射效应,实际上,水的颜色取决于……它的深度。

当光线射入水中时,不同波长的光会陆续被吸收。波塞冬不会随便让人进入他的宫殿……

咱也是有地位的人。

不是,毕竟……

波塞冬只接受:

无愧于他名字的水

某些动物

某些植物

全球所有塑料制品

海盗船

……以及上面的宝藏。

在一些极其稀少但很有纪念意义的场合,他也接受一块巨大的陨石或者一场核灾难。

不过对于光速来说……越界的行为必须被纠正!

129

如果你的记性很好，就会想起我们在讲侧线的时候已经提到了这个话题。

作为复习，我们复制了一份示意图，然后我们将继续深入了解。已经到时候了。

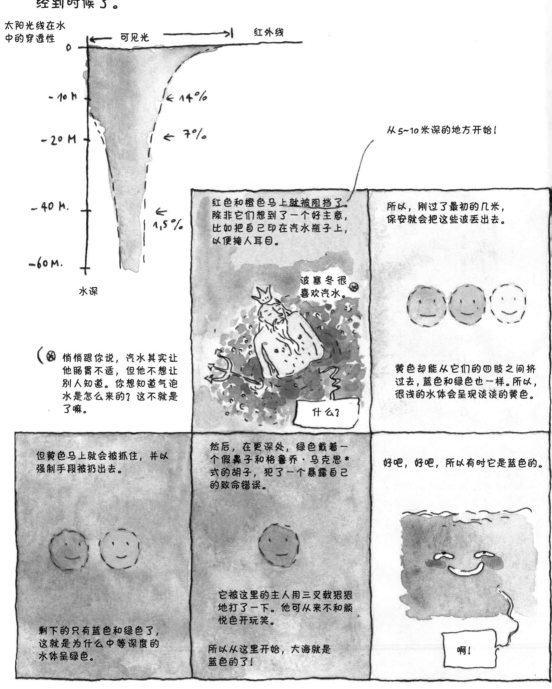

太阳光线在水中的穿透性

可见光　　红外线

0

- 10 M　← 14%

- 20 M　← 7%

- 40 M.　← 1,5%

-60 M.

水深

从5~10米深的地方开始！

红色和橙色马上就被阻挡了。除非它们想到了一个好主意，比如把自己印在汽水瓶子上，以便掩人耳目。

波塞冬很喜欢汽水。

悄悄跟你说，汽水其实让他肠胃不适，但他不想让别人知道。你想知道气泡水是怎么来的？这不就是了嘛。

什么？

所以，刚过了最初的几米，保安就会把这些波丢出去。

黄色却能从它们的四肢之间挤过去，蓝色和绿色也一样。所以，很浅的水体会呈现淡淡的黄色。

但黄色马上就会被抓住，并以强制手段被扔出去。

剩下的只有蓝色和绿色了，这就是为什么中等深度的水体呈绿色。

然后，在更深处，绿色戴着一个假鼻子和格鲁乔·马克思*式的胡子，犯了一个暴露自己的致命错误。

它被这里的主人用三叉戟狠狠地打了一下。他可从来不和颜悦色开玩笑。

所以从这里开始，大海就是蓝色的了！

好吧，好吧，所以有时它是蓝色的。

啊！

*美国的喜剧演员和电影明星。

130

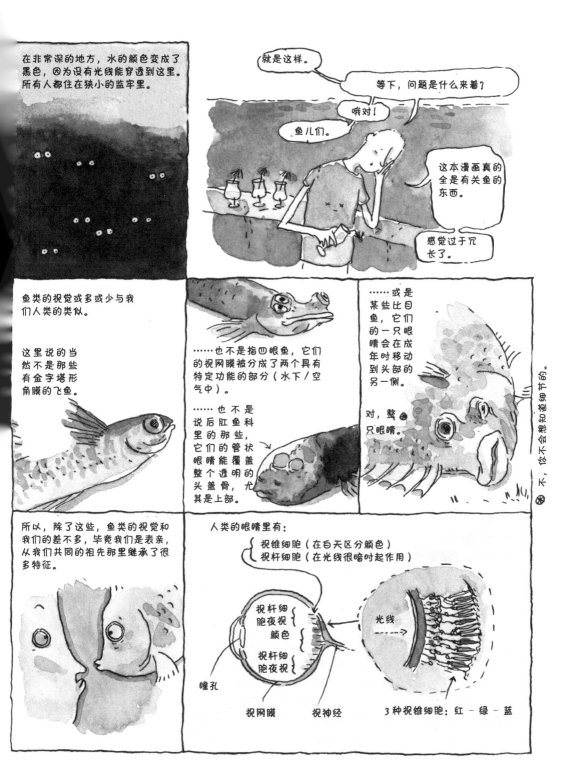

对鱼类来说，眼部特征取决于它们活动的深度。是的，很明显。那些住在浅层的鱼往往有第四种视锥细胞，用来看见紫外线。

漫游眶锯雀鲷

STEGASTES PLANIFRONS

的面罩只在紫外线下显现。

金鱼也一样。

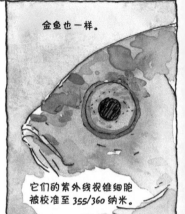

它们的紫外线视锥细胞被校准至 355/360 纳米。

很多鱼类还有双视锥细胞。它们的作用还没能被验证。

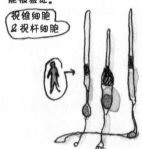

视锥细胞 ⅋ 视杆细胞

也许所有这些功能都涉及……我们并不是很清楚。

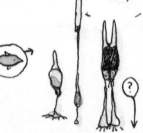

为了提升视力？为了探测运动？为了感知光的偏振？

鱼儿生活的地方越深，色彩视觉就越无用。

在一个红色光到达不了的地方，能看见红色没有任何作用！

所以，在大海里中等深度的地方，你只能看见蓝色和绿色，还有一点黄色。

我们越是下沉，能看见的颜色就越少……

直到海底，深海鱼类看不见任何颜色。

"你"是说那些鱼……

虽然一片漆黑，但还是有希望的，因为鱼类还有很多其他灵敏的感觉，帮助它们感知周围的环境……

比如侧线！

不过，事情当然没有这么简单明了，其实还会出现很多变化。这种随深度变化的"层级"只是一种总体趋势，而不是绝对规律。

132

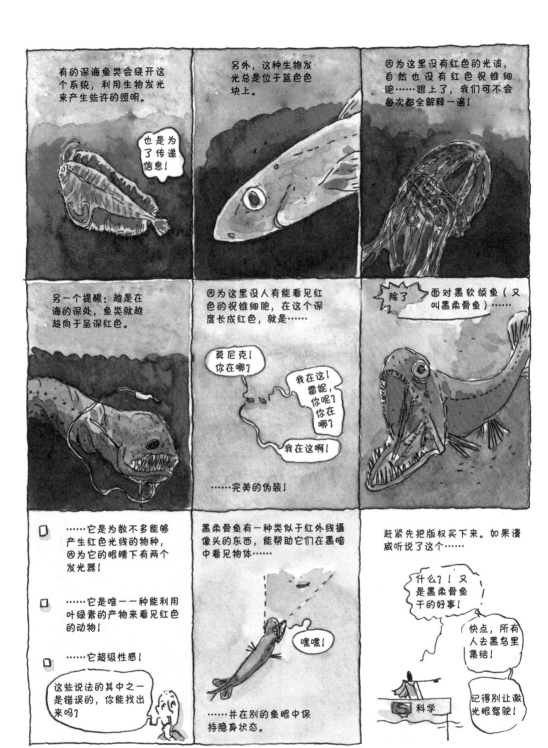

有的深海鱼类会绕开这个系统，利用生物发光来产生些许的照明。

也是为了传递信息！

另外，这种生物发光总是位于蓝色色块上。

因为这里没有红色的光波，自然也没有红色视锥细胞……跟上了，我们可不会每次都全解释一遍！

另一个提醒：越是在海的深处，鱼类就越趋向于呈深红色。

因为这里没人有能看见红色的视锥细胞，在这个深度长成红色，就是……

莫尼克！你在哪？

我在这！雷妮，你呢？你在哪？

我在这啊！

……完美的伪装！

除了

面对黑软颌鱼（又叫黑柔骨鱼）……

……它是为数不多能够产生红色光线的物种，因为它的眼睛下有两个发光器！

……它是唯一一种能利用叶绿素的产物来看见红色的动物！

……它超级性感！

这些说法的其中之一是错误的，你能找出来吗？

黑柔骨鱼有一种类似于红外线摄像头的东西，能帮助它们在黑暗中看见物体……

嘿嘿！

……并在别的鱼眼中保持隐身状态。

赶紧先把版权买下来。如果漫威听说了这个……

什么？！又是黑柔骨鱼干的好事！

快点，所有人去黑鸟里集结！

记得别让激光眼驾驶！

科学

鱼儿们会不会互相帮把手？ ……帮把鳍？

（就是说，它们会不会合作？）

我们可以用一整本漫画解答这个问题，还是说必须一次回答完？

一次回答完。 嗯……

好吧，就以我们的朋友裂唇鱼为例。

裂唇鱼

鱼群是这样组织起来的：他们所工作的清洁站实际上是个一夫多妻制的社会（一个雄性配多个雌性）。体形最大的鱼占据社会阶层的最顶端，而由于雄鱼比其他鱼都要大，所以它就可以控制这个鱼群。它以一种极具侵略性的方式对待鱼群中的大部分雌鱼，尤其是领头的雌鱼，因为对方会想要变成雄性，然后取而代之。裂唇鱼在它们的一生中可以改变好几次性别。

当一条雌鱼占了顾客的便宜，也就是咬了对方的时候，雄鱼会根据它和这条雌鱼的关系以及客户的价值来调整惩罚的程度！不是要么严厉惩罚，要么就什么也不做。惩罚是会根据情况变化的。

惩罚的严重程度会根据很多因素变化，但打一条鱼的屁股比打智人的复杂得多。首先，你得知道鱼的屁股在哪儿？其实，这本漫画可以选这个标题的：鱼类的屁股。一下子就多了个卖点。

总之，惩罚会驱使清洁站的合伙人们好好合作。

这是一种合作，虽然这种形式并不是很轻松愉快。

让我们再来看看
孔雀鱼

　　孔雀鱼是一种小鱼，它们成群结队，组成关系紧密的社群——尤其是雌鱼。这让它们有很多时间结交闺蜜。

　　有时，孔雀鱼群需要穿过一条有捕食者的道路。这时，两条鱼会离开大部队，去评估这个大怪物的危险程度。

　　两条鱼一起去的优点是，被吃掉的概率降低了50%！但这两条鱼必须采取同样的行动方式，进行合作。如果两条鱼一起过去，但其中一条在进行检查时先离开了，那么留下的那一条被吃掉的概率就会大大增加。

　　有一种技巧可以在这种情况下保证合作的有效性，它被称为"以牙还牙"，是一种应对博弈论中"重复囚徒困境"的有效方法。啊，我们会让你了解的。如果有必要的话还会使用武力。

　　为了获得好的结果，每条鱼都得承担一部分风险——就算它们不知道对方会如何选择。这是一场关于信任的赌博。

　　经过反复观察，我们发现，这的确是孔雀鱼采用的技巧！它们倾向于和自己信任的闺蜜一起去，并且在靠近捕食者时相互紧挨着对方。

永远的朋友！

三刺鱼

也使用类似的方法。它们会慢慢构筑与伙伴的信任关系，并留意潜在的背叛者。

但最厉害的例子还是那些涉及不同物种间的合作。

被研究得最为透彻的是鮨科中的石斑鱼及几种鲈鱼（译者注：法语中的俗名"MÉROU"可以指代鮨科和多锯鲈科中的多个物种。为指代方便，下文皆称"石斑鱼"）和爪哇裸胸鳝之间的合作。

石斑鱼　　　　　爪哇裸胸鳝

石斑鱼和这些鲈鱼都是很大的鱼。真的很大。一条鱼可以长到 1.2 米。这里说的是螺线鳃棘鲈（PLECTROPOMUS PESSULIFERUS）。这类鱼还包括伊氏石斑鱼，身长可达 2.5 米，重达 455 千克。想象一下我们能在它身上亲吻多少下。

不管怎么说，它们还是凶猛的捕食者。有时我们亲吻得过了火，还是有被一口吞了的风险。

另一边是爪哇裸胸鳝。这种鱼主要在夜间行动，可供亲吻的地方要少一点。它住在岩缝里。

当石斑鱼在礁石间追逐猎物时，有时猎物会藏进一个石斑鱼无法进入的、很窄的洞中。如果石斑鱼想追进去，它得先喝一大桶减肥茶。但减肥茶不是它的菜。它更愿意利用自己的鱼际关系。它可认识不少的爪哇裸胸鳝。

于是，这时石斑鱼就会去到一个爪哇裸胸鳝的巢穴（可能位于捕食地点的 15 米开外）。

石斑鱼在爪哇裸胸鳝的鼻子前摇动自己的身体。这一仪式往往进行得十分顺畅（而且真的非常搞笑）。

爪哇裸胸鳝则要决定是否跟石斑鱼走。让我们假设它决定跟着去，要不然故事就讲不下去了。

如果猎物正好逃到了石斑鱼等待的地点，那赢家就是石斑鱼。

石斑鱼会在外面等，而爪哇裸胸鳝则钻进礁石中寻找猎物。如果石斑鱼先找到那条可怜的猎物，那得利的就是自己。但如果猎物从石斑鱼的反方向游出了礁石，那它就获得了逃走的机会（但石斑鱼很擅长游泳，所以这只猎物最好别想着做"小孩要上哪所大学"这样的长期计划）。

必须说明的是，爪哇裸胸鳝真的很喜欢岩缝。所以很多时候它们会穿过礁石，再次回到它的岩缝中，然后开始安静地睡觉。在另一些情况下，爪哇裸胸鳝会直接前往错误的方向。

每当出现这种情况，石斑鱼会再回来找爪哇裸胸鳝，再跳一次舞以促使它继续帮忙捕食，或者至少去到正确的方向。妈呀……

有时石斑鱼也会吸引别的鱼来帮自己，比如曲纹唇鱼。它们的颚非常大，能够咬碎珊瑚，摧毁猎物可能的藏身之处。

不过，爪哇裸胸鳝还是这个行动的优先合作伙伴。此外，只要是有石斑鱼的地方，就会有标语牌上写着：特别的伴侣，寻找同样特别的另一半。石斑鱼很喜欢音乐，但它们是否有幽默感这一点值得商榷。

招聘启事

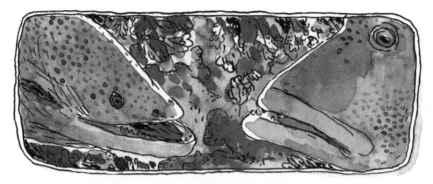

最疯狂的是，石斑鱼显然具有以第二种姿势交流的技巧。它能给自己的捕食伙伴指明猎物钻到了哪个洞里。它将自己的身体垂直，头部朝下，指向猎物藏身处的上方，并以一种特定的方式摇动头部，中间有规律地暂停。它只会在猎物逃跑的地方发出这种信号。

➡ 这种行为是在人类之外的物种中发现的为数不多的指代性姿势。

的确：

- 它是针对一个指代对象（猎物）做出的。
- 除了发送信号以外，如果以这种姿势执行任何别的任务，动作效率都很低。
- 这种行为是面向一个潜在的接收者（爪哇裸胸鳝）做出的。
- 这一行为会收到这一接收者的自主回应。
- 这一行为展现出了有目的的行动的所有特征。

这类指代性姿势在动物界中非常罕见。它只在一小撮物种中间被观察到过，比如狗、某些大型猴子，以及某些乌鸦。

巴沙里和他的同事们在 2013 年进行的同一项研究中观察到了一种更加令人惊讶的合作捕食，其中出现了同一种指代性姿势。它发生在另一种石斑鱼和它的捕食伙伴——蓝章（OCTOPUS CYANEA）之间。

鱼类和软体动物……

手牵着手……

呃……

鱼鳍牵着触手？

这也太不可思议了吧？！

哪种鱼的记忆力最强？

（第二部分）

之前我们讲到了鲑鱼的记忆力。但实际上这个问题还要复杂得多，所以让我们再在上面花两分钟时间。

记忆

不只是一个总括性的概念，指的是帮你记住具体的东西。

事实上，"记忆"被分为很多类别，它们有着不同的功能，而且这些类别还可能相互包含。

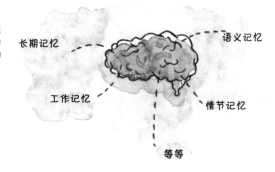

长期记忆　　　　　　　　　语义记忆

工作记忆　　　　　　　　情节记忆

等等

举个例子

为了顺利找到食物，你需要：

你！

① 良好的空间记忆，使你能给这片区域画一个思维地图。

② 对某种食物的标志的记忆。

③ 对有捕食者出没的迹象的记忆。

④ 对你的同类的记忆！这是为了找到那些能帮助你觅食的同伴，或是提防那些想要横刀夺爱的竞争者。

⑤ 对于这片区域里食物资源的状态的记忆。这是为了不把一个地区的资源消耗殆尽。

139

在同质、稳定的环境里生活的鱼类，在这些记忆能力上通常都非常出色。

在环境复杂多变的地方生活的鱼类嘛……这就不一定了！从适应环境的角度来说，最好是不要将自己局限于一张老旧、无用的指示图上。

比如交通规则。

不，交通规则绝对不在此类，摄像头一直看着你呢，我们能找到你的名字。

如果一条鱼学会了一个控制猎物的新技巧，但它又必须永久地改为捕捉另一种猎物，那么它很可能不会长时间记住这个技巧。对它而言，记住一个有可能再也用不上的东西完完全全是做无用功。

比如三刺鱼，生活在河流或海洋里。

（这是条处于繁殖期的雄鱼。）

相反地，如果一条鱼的猎物很固定而且出现得很频繁，这条鱼就有理由记住一个能高效地抓住猎物的技巧。

=> 比如说，你肯定记不得3周前的周二晚上你吃了什么。就是这样。除非这时发生了一件非同寻常的事，比如你把室友给吃了，否则你根本没有理由去记住它。而我们的大脑很清楚这一点：右键－删除。

是否存在专门的需求会决定记住——或者不记住——某个物种及其中的生物体的相关信息的能力。

顺带一提，对人类来说也是这样：我们发现，伦敦出租车司机的大脑会发生改变，以适应记住多条道路……

……以及频繁地绕过道路封闭处的需求……

……而这种改变不会在公交车司机的大脑中发生，因为他们一直开同一条线路。真令人惊奇，不是吗？

让我们拜访一位专家：

BATHYGOBIUS SOPORATOR (= 虾虎鱼)

这种鱼有着奇特的生活方式。非常奇特。

嘻嘻　这只是一种表达方式，其实它的生活也没那么奇特。

它与潮汐 → 更准确地说，它生
共同生活。　活在退潮时大海在
　　　　　　岩石间留下的小水
　　　　　　坑中。

~3.5 cm

涨潮时 → 它会观察土地的结构，岩石、小坑的位置，公共
交通、购物中心是否在附近。总之，就是我们想
要搬家时会了解的那些东西。

退潮时 → 它会选择一个水坑作为自己的家——当然是在详
细了解过这个地方以后。

好吧，直到这里都还没什么了不起的。

重要的是，我们的虾虎鱼可以在危险到来时，从
水坑里跳出来，然后从一个水坑跳进另一个水坑，
直到躲进大海里。

关于记忆

认真想象一下：它不像在涨潮时那样可
以居高临下地观察了。它清楚地知道周
围其他水坑在哪儿，以及从每个水坑出
发要跳向哪个方向！当它身处于水坑里
时还能认出水坑的形状，利用这一信息
辨认出某个水坑并知道它处于通往大海
的水坑迷宫中的哪个位置。这真是太神
奇了。

141

必须承认，我们完全不知道虾虎鱼
是怎么做到的……

它们几乎从不会在外面撞上石头（如果剩下的距离太
近，它们就会用小步的跳跃解决）。

它们在飞行的过程中不会改变方向，而是在起跳前就计算
好一切。

就算它们被移到别的地方，或是在40天的
时间里被关了起来，虾虎鱼总能找到它们当作
家的水坑，或是找到回大海的路。

还有裂唇鱼，它们能记住百余个客
户——都是容易搞混的物种；还要记住它与
每个客户的互动以便正确地应对客户之后的
来访。

拿另一个王
座来，快点！

真的简直了……

它们甚至不是同
一个物种！

嘿！

还有另一种记忆，这种记忆
常与自传体记忆＊相关联，
所以也与自我认知相关……
它就是……

情节记忆

＊指对个人复杂
生活事件的混
合记忆。

鱼儿们会有情节记忆吗？

比如我们的
裂唇鱼？

谁知道呢。也许吧。走着瞧。

太吊人胃口了。

什么东西有 2 只手臂、8 个触角、3 颗心脏、蓝色的血、还能在出生之前观察你？

墨鱼，年度最佳一见钟情。

一开始颜色很深！

墨鱼的卵是一些不透明的胶囊，它们能够保护胚胎不受微生物及捕食者的侵害。

随着胚胎慢慢长大，包裹的囊也变得越来越大，最终在孵化的前几天变为透明。

这时，墨鱼胚胎就可以观察外界了。

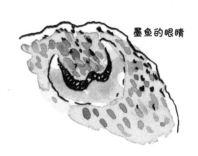

墨鱼的眼睛

科学家已经证明，这些小墨鱼已经可以通过观察来进行学习，尤其是关于它们未来猎物的选择，即使它们还没有出生！！！

太疯狂了（♡）.

哪种鱼的记忆力最强？

(第三部分)

(或者，在这里是说)

鱼儿们能否回忆起生命中重要的事件？

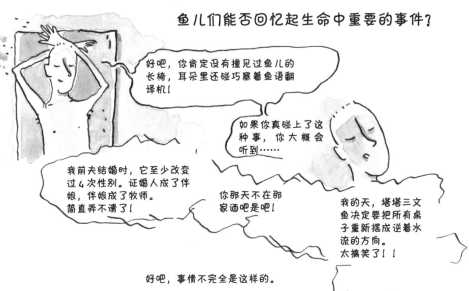

好吧，你肯定没有撞见过鱼儿的长椅，耳朵里还碰巧塞着鱼语翻译机！

如果你真碰上了这种事，你大概会听到……

我前夫结婚时，它至少改变过4次性别。证婚人成了伴娘，伴娘成了牧师。简直弄不清了！

你那天不在那家酒吧是吧！

我的天，塔塔三文鱼决定要把所有桌子重新摆成逆着水流的方向。太搞笑了！！

好吧，事情不完全是这样的。

→ 让我们以情节记忆结束这一关于"记忆"的鸿篇巨制。

→ 情节记忆是长期记忆的一种，是一种自传体记忆、场景记忆。大致就是回忆起我们和谁、在哪儿、做了什么。

有关这种记忆的理论框架，尤其是这位心理学家所构建的，暗示了某种对于经历过的体验的认知。

→ 然而，还要考虑很多别的因素，比如情绪状态。

由于无法简单地进入别的动物的主观世界，要确认别的动物是否拥有情节记忆几乎是不可能的。
所以，科学家们很少谈及动物的"情节记忆"，而是说"类情节记忆"，也就是一种类似于情节记忆的东西。

我们不会纠结于这一区别，没有神仙，没有救世主，没有"是"，也没有"否"！

"但鱼儿们呢？"
维多利亚女王在二月一个阴沉的日子这样发问，在读完《印斯茅斯疑云》(译者注：美国恐怖小说家霍华德·菲利普斯·洛夫克拉夫特的作品)后，她的思绪全被鱼儿占据了。
(更让人忧虑的是，维多利亚女王在该书出版前30年就已经去世了。)

好吧，朋友们，让我们再来谈谈裂唇鱼。

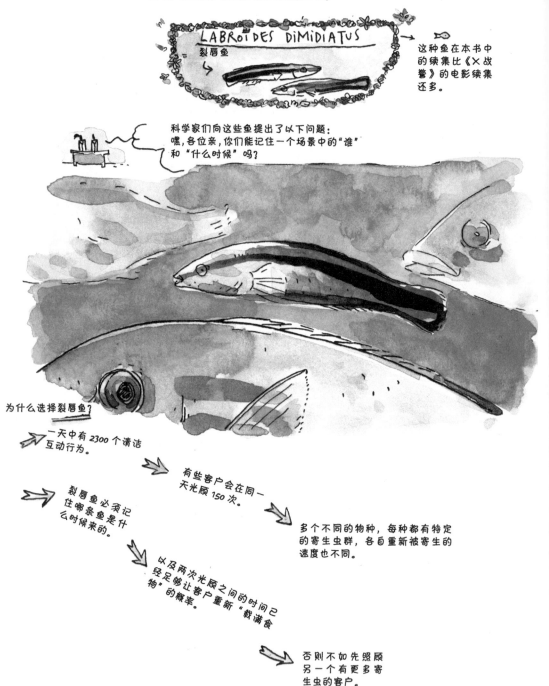

LABROIDES DIMIDIATUS

裂唇鱼

这种鱼在本书中的续集比《X战警》的电影续集还多。

科学家们向这些鱼提出了以下问题：
嘿，各位亲，你们能记住一个场景中的"谁"和"什么时候"吗？

为什么选择裂唇鱼？

一天中有2300个清洁互动行为。

有些客户会在同一天光顾150次。

多个不同的物种，每种都有特定的寄生虫群，各自重新被寄生的速度也不同。

裂唇鱼必须记住哪条鱼是什么时候来的。

以及两次光顾之间的时间已经足够让客户重新"载满食物"的概率。

否则不如先照顾另一个有更多寄生虫的客户。

好吧，但我们要怎样评估这些标准呢？
这要借助于一个疯狂的实验设计！

首先，准备4个盘子，它们代表虚拟客户：

食物放在黑色圆圈上

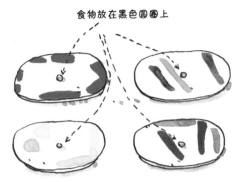

每一次，两个盘子会被同时放在裂唇鱼面前。

在红色盘子里有一块鱼食。裂唇鱼挺喜欢这个，但它们也不会狂喜。可以把它比作蒸土豆。

其他盘子里的是：一只虾。裂唇鱼会更加喜欢这个，就像我们会更喜欢炸薯条一样，明白了吗？

⚠️ 如果裂唇鱼想在其中一个盘子的间隔时间还没过去时吃这个盘子里的东西，那两个盘子都会被马上拿走，而裂唇鱼就要饿肚子了！

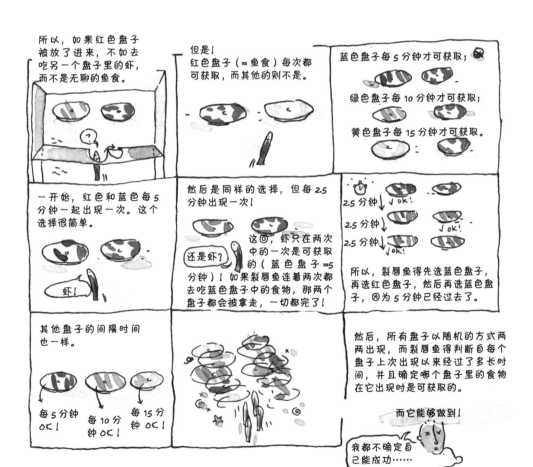

所以，如果红色盘子被放了进来，不如去吃另一个盘子里的虾，而不是无聊的鱼食。

但是！
红色盘子（＝鱼食）每次都可获取，而其他的则不是。

蓝色盘子每5分钟才可获取；

绿色盘子每10分钟才可获取；

黄色盘子每15分钟才可获取。

一开始，红色和蓝色每5分钟一起出现一次。这个选择很简单。

虾！

然后是同样的选择，但每2.5分钟出现一次！

还是虾？

这回，虾只在两次中的一次是可获取的（蓝色盘子＝5分钟）！如果裂唇鱼连着两次都去吃蓝色盘子中的食物，那两个盘子都会被拿走，一切都完了！

2.5分钟 √ok！
2.5分钟 √ok！
2.5分钟 √ok！

所以，裂唇鱼得先选蓝色盘子，再选红色盘子，然后再选蓝色盘子，因为5分钟已经过去了。

其他盘子的间隔时间也一样。

每5分钟 OK！
每10分钟 OK！
每15分钟 OK！

然后，所有盘子以随机的方式两两出现，而裂唇鱼得判断自每个盘子上次出现以来经过了多长时间，并且确定哪个盘子里的食物在它出现时是可获取的。

而它能够做到！

我都不确定自己能成功……

这与实地观察结果是一致的：

一条鱼先被清洁了一次，然后走远了点再回来，却被裂唇鱼完全无视了。因为它显然知道这个客户没有足够的时间来被重新寄生！

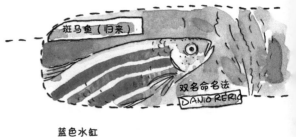

⇒ 它们能够记住"什么"（如果是客户们则是"谁"），以及"什么时候"，且其高效性简直让人害怕。

--- 太厉害了。别走，我们还有一个例子。

斑马鱼（归来）

双名命名法 *DANIO RERIO*

"什么"

乐高摩托车手 + 乐高骑士

"哪里"

黄色水缸

蓝色水缸

或是

"在哪一场景下"

♥ 斑马鱼生性好奇。所以我们可以在出现了新情况的地方观察到它。

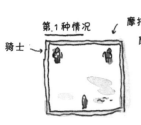

第 1 种情况
骑士 →

摩托车手
第 2 种情况
摩托车手 ↓
骑士 ↘

第 3 种情况
新！
骑士
骑士 →

这条鱼已经见过：
- 蓝色水缸的右边有个骑士
- 黄色水缸的左边有个骑士
但从未见到过出现在蓝色水缸左边的骑士。所以，它大多数时间会在这里观察这一新情况。

所以

这条小鱼能够记住

什么 ☑
哪里 ☑
场景 ☑
类情节记忆 ☑

维多利亚女王会很骄傲，如果她还未过世的话。
希望她不会读到这一段。

鱼儿们有幽默感吗？

嘿！

?

小明在河边钓到一条鱼，对它说："我要吃了你！"

小鱼说："不要啊，可以放了我吗？"

小明说："好，那我考你一个问题。"

于是小明把小鱼烤了。不好笑吗？

小鱼说："好啊，考我吧考我吧考我吧考我吧考我吧！"

好吧，那换一个。

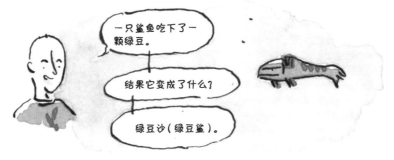

一只鲨鱼吃下了一颗绿豆。

结果它变成了什么？

绿豆沙（绿豆鲨）。

好吧，总结一下。

要么鱼儿们没有幽默感，要么不同物种的幽默感并不相通。目前没有任何相关研究。

如果是要研究拯救气候，就有一大堆人冲上去，却没一个人来解决真正重要的问题。

鱼儿们会相互观察吗？
……相互偷听？

是这样潘莱特……

你必须在14:30准时到达礁石处。

一条穿着蓝色衣服的刺尾鲷会在那儿等你。你要把下面的密语告诉它：

"带着东方香水味的橙花，这种痛苦是我在吃牛至时体会到的。" ⑨

⑨ 给每个能知道根的人一个未来。

就像在人类的社交网络里一样，鱼儿们也相互观察、相互偷听，并且分享趣事。

这在同一物种中以及不同物种之间都会发生。

成为国家安全局覆盖着鳞片的小探员的原因很简单……

我们知道越多关于别人的信息，就越能更好地保留或提高自己的社会地位或是繁殖地位。

想象你是一只 雄性佰氏妊丽鱼

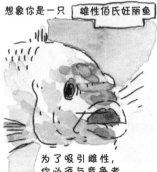

为了吸引雌性，你必须与竞争者战斗。

当你诚实地面对自己，你会发现自己小小的鳍离族群老大的标准还差得远。

所以，如果你看见兰波把罗基的牙都打掉了，而罗基本来就可以把你的牙给打掉……

……就没必要去找兰波的麻烦了。

这就是研究所证实的……

151

在 2007 年的一项研究中，一条鱼先观察其他雄性 A、B、C、D 和 E 之间的战斗。

交战双方是这样配对的：

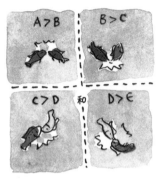

A > B   B > C

C > D 和 D > E

在这些战斗都结束后，我们随机选择两个对手，将它们带到这条鱼面前。

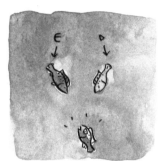

最开始观察的这条鱼几乎是下意识地选择了两个对手中较弱的那个。

即使它从没见过被选择的这两条鱼互相战斗。

所以，我们的小鱼只在观察战斗时推测竞争者之间的等级顺序。

下面让我们聊聊五彩搏鱼，别名"泰国斗鱼"。

← 家养   野生 ↓

注意：

 → 与广泛流行的说法不同，五彩搏鱼（至少在野生的情况下）并不是本领高强的"刺客"。它们能够结成平和的社群，包括多条雄鱼与雌鱼。

 → 在家养的品种中累积起来的好斗特征，是一种为了竞争性的战斗而人工选择出来的特质。这也是五彩搏鱼被驯化的最初原因。现在，驯化五彩搏鱼更多是为了观赏，因为野生品种没有巨大的鱼鳍。

 → 啊，而且，不，它们在（小小的）鱼缸中并不快乐。

五彩搏鱼也因为雄性之间的战争游行而著名。它们会拍打尾部，并将鳃盖和鳃立起来。

游行经常会升级成战斗，以啃咬出伤口，有时也以参与者之一的死亡而告终。

但是，在这种游行展示背后没有更加复杂的东西了吗？

这难道只是两个生物体之间对于掌控权的斗争？

如果一条雄鱼或雌鱼观察战斗的话会发生什么？

交战者会察觉到观众的存在吗？

胶水为什么不会粘在胶水瓶内侧？

决斗双方之间的熟悉程度会不会影响战斗的走向？

在鱼类当中存在观众效应吗？

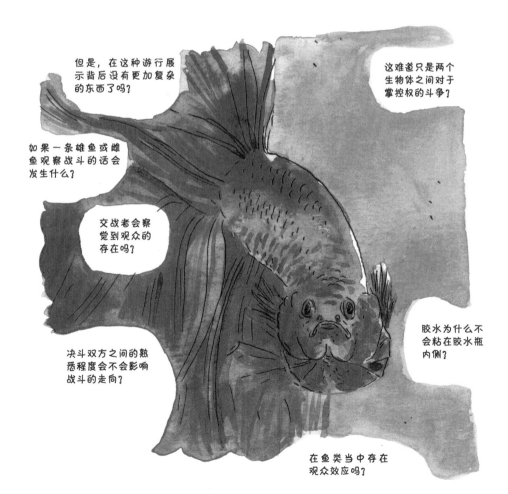

覆盖鳃的角质盖。

两件重要的事

① 拍打尾部和立起鳃盖这两种行为,在雄性之间的交流和雌雄之间的交流中使用频率一样高。

② 啃咬只在雄性之间的互动中出现。拒绝家庭暴力。

让我们拿博恩特举例。它是一条雄性五彩搏鱼,风华正茂。

博恩特在从超市回来的路上碰见了托马克。它们目光交错,其中闪过一丝挑衅的目光,战斗开始了!

企图威慑:它们摆动鱼鳍,立起鳃盖,剧烈地拍打尾部。

啃咬开始了。

苏摩特,一条年轻的雄鱼从这里经过。两个决斗者注意到了它,但仍继续战斗。

战斗的激烈程度甚至增加了,这是为了向苏摩特展示,这里是大人的角斗场。

接下来过来的是通斯里,极具吸引力的年轻雌性。

太好了,我就喜欢有巨大的肱二头肌的鱼,看看这个!

这时，博恩特用余光看见了通斯里，它的心被紧紧抓住了。

通斯里喜欢眩二头肌，却不喜欢暴力的雄性，就像大部分雌性五彩搏鱼那样。

战斗的走向改变了。当然，两条雄鱼的精神还是很集中，但是……

如果我们打得太激烈，她就会拒绝我们！

……如果最终要在太平洋中间的养老院孤独终老，那赢下战斗又有什么意义？

它们退后，几乎不再咬对方了。尾部和鳃盖的动作随之增加。

两个对手还是紧盯着胜利，但是通过一种复杂的体操来显得强壮而不是暴力。

通斯里的存在显然影响了战斗。这就是我们所说的

观众效应

如果有观察者存在，战斗的形式就会改变。
这里，♂雄性的存在只有一点或是完全没有影响，
♀雌性观众则相反。

战斗者之间的 熟悉程度 也会影响战斗中不同行为出现的频率：

立起鳃盖

和

拍打尾部

如果对手是个陌生人，这两个行为就会比对手是邻居的情况出现得更多。

如果观众为雄性，这个行为会出现得更多。

如果观众是雌性，这个行为就会增加！

⇒ 它们很可能有着不同的含义！

所以，不只观众能影响交战双方的表现，它们彼此之间的亲密度也会影响战斗！

不幸的是，博恩特输掉了战斗。这种事时有发生，它会振作起来的。

它意识到通斯里一直留在这里，并且另一个雌性松斋刚刚也来了。

一般而言，年轻的五彩搏鱼们偏爱赢家。如果博恩特试着吸引通斯里，它很可能被拒绝。

显然它很清楚这一点，转而向松斋展示自己最漂亮的舞蹈，完全把通斯里冷落在一边。

刚刚输掉战斗的雄性更加被不清楚状况的雌性吸引，而不是那只看到了全部过程的雌性。

所以，不仅是观众的种类和对手之间的熟悉程度会影响战斗，雌性观众的身份和知识也会决定交战双方在战斗之后的行为。

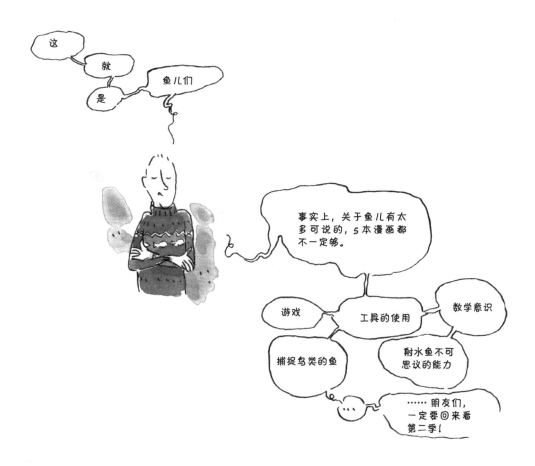

参 考 书 目
（你们都被宠坏了，我在这上面花了不计其数的钱！）

　　没有列出参考书目的主题基本上都是不需要特别去研究的简单问题，或者只需要在专门的网站上做基本的确认。

配偶
- AWATA (Satoshi), MUNEHARA (Hiroyuki), et KOHDA (Masanori) « Social system and reproduction of helpers in a cooperatively breeding cichlid fish (*Julidochromis Ornatus*) in Lake Tanganyika : field observations and parentage analyses » dans *Behavioral Ecology and Sociobiology*, n° 58, septembre 2005, pp 506-516.
- FISHER (Éric A.) « The relationship between mating system and simultaneous hermaphroditism in the coral reef fish, *Hypoplectrus Nigricans (Serranidae)* » dans *Animal Behaviour*, n° 28, mai 1980, pp 620-633.
- FISHER (Éric A.) « Sexual allocation in a simultaneously hermaphroditic coral reef fish » dans *The American Naturalist*, n° 1, janvier 1981, pp 64-82.
- PIETSCH (Theodore W.) « Dimorphism, parasitism and sex : reproductive strategies among Deepsea Ceratioid Anglerfishes » dans *Copeia*, n° 4, décembre 1976, pp 781-796.

金鱼
- JACOBS (David W.), TAVOLGA (William N.) « Acoustic intensity limens in the goldfish » dans *Animal Behaviour*, n° 2-3, avril 1967, pp 324-335.
- HNOZUKA (Kazutaka), ONO (Haruka), WATANABE (Shigeru) « Reinforcing and discriminative stimulus properties of music in Goldfish » dans *Behavioural Processes*, n° 99, octobre 2013, pp 26-33.

鱼鳔
- ROSENTHAL (Gil G.), LOBEL (Phillip S.) « Communication » dans *Fish Physiology*, n° 24, 2005, pp 39-78.
- FINE (Michael L.), PARMENTIER (Eric), « Mechanisms of Fish Sound Production » dans *Sound communication in fishes*, Éditions Friedrich, Vienne, 2015, pp 77-126.
- LADICH (Friedrich), « Fish Bioacoustics » dans *Current Opinion in Neurobiology*, n° 28, octobre 2014, pp 121-127.
- LADICH (Friedrich), SCHULZ-MIRBACH (Tanja), « Diversity in fish auditory systems : one of the riddles of sensory biology » dans *Frontiers in Ecology and Evolution*, n° 4, 31 mars 2016.
- POPPER (Arthur N.), PLATT (Christoper), et SAIDEL (William M.), « Acoustic functions in the fish ear » dans *Trends in Neurosciences*, n°5, janvier 1982, pp 276-280.
- AMORIM (M. Clara P.), « Diversity of Sound Production in Fish » dans *Communication in Fishes*, n°1, 2006, pp 71-105

成对的朋友

- BRANDL (Simon J.), BELLWOOD (David R.), « Coordinated vigilance provides evidence for direct reciprocity in coral reef fishes » dans *Scientific Reports*, n° 1, novembre 2015.

记忆力1

- BETT (Nolan N.), HINCH (Scott G.), DITTMAN (Andrew H.), YUN (Sang-Seon) « Evidence of olfactory imprinting at an early life stage in pink salmon (Oncorhynchus Gorbuscha) » dans *Scientific Report*, n° 1, décembre 2016.
- DITTMAN (Andrew H.), QUINN (Thomas P.) « Homing in pacific salmon: mechanisms and ecological basis » dans *The Journal of Experimental Biology*, n° 199, 1996, pp 83-91.
- PUTMAN (Nathan F.), LOHMANN (Kenneth J.), PUTMAN (Emily M.), QUINN (Thomas P.), KLIMLEY (A. Peter), NOAKES (David L.G.) « Evidence for geomagnetic imprinting as a homing mechanism in pacific salmon » dans *Current Biology*, n° 4, février 2013, pp 312-16.

睡眠1及2

- PINHEIRO-DA-SILVA (Jaquelinne), FERNANDES SILVA (Priscila), BORGES NOGUEIRA (Marcelo), CAROLINA LUCHIARI (Ana), « Sleep deprivation effects on object discrimination task in Zebrafish (Danio Rerio) » dans *Animal Cognition*, n° 2, mars 2017, pp 159-69.

侧线

- BLECKMANN (Horst), ZELICK (Randy), « Lateral Line System of Fish » dans *Integrative Zoology*, n° 1, mars 2009, pp 13-25.

嗅觉

- KASUMYAN (A. O.), « The olfactory system in fish : structure, function, and role in behavior » dans *Journal of Ichthyology*, n° 44, 2004, p 45.
- ROSENTHAL (Gil G.), LOBEL (Phillip S.) « Communication ».
- BARDACH (John E.), ATEMA (Jelle), « The sense of taste in fishes » dans *Taste*, édité. par Lloyd M. Beidler, Berlin, 1971, pp 293-336.

蟾鱼

- THORSON (Robert F.), FINE (Michael L.), « Crepuscular changes in emission rate and parameters of the boatwhistle advertisement call of the gulf toadfish, Opsanus Beta », dans *Environmental Biology of Fishes*, n°63, Mars 2002, pp 321-331.
- THORSON (Robert F.), FINE (Michael L.), « Acoustic competition in the gulf toadfish Opsanus Beta : acoustic tagging » dans *The Journal of the Acoustical Society of America*, n° 5, 2002.
- AMORIM (M.C.P.), SIMÕES (J.M.), FONSECA (P.J.) « Acoustic communication in the lusitanian toadfish, Halobatrachus Didactylus : evidence for an unusual large vocal repertoire » dans *Journal of the Marine Biological Association of the UK*, n° 5, août 2008, pp 1069-1073.
- VASCONCELOS (Raquel O.), FONSECA (Paulo J.), AMORIM (M. Clara P.), LADICH (Friedrich) « Representation of complex vocalizations in the lusitanian toadfish auditory system : evidence of fine temporal, frequency and amplitude discrimination » dans *Proceedings of the Royal Society B*, n° 1707, 22 mars 2011, pp 826-834.

裂唇鱼

- TEBBICH (S.), BSHARY (R.), et GRUTTER (A.), « Cleaner fish Labroides Dimidiatus recognise familiar clients » dans *Animal Cognition*, n° 3, septembre 2002, pp 139-145.

- BSHARY (Redouan), WICKLER (Wolfgang), FRICKE (Hans), « Fish cognition : a primate's eye view » dans *Animal Cognition*, n° 1, mars 2002, pp 1-13.
- SOARES (Marta C.), OLIVEIRA (Rui F.), ROS (Albert F.H.), GRUTTER (Alexandra S.), BSHARY (Redouan) « Tactile stimulation lowers stress in fish » dans *Nature Communications*, 15 novembre 2011, p 534.
- BSHARY (Redouan) dans *Fish cognition and behavior* par BROWN (Culum), KRAUSE (Jens), LALAND (Kevin N.) (Chapitre 13 « Machiavellian intelligence in fishes ») coll. *Fish and aquatic resources*, United-Kingdom, 2011.

便便和尿尿

- BAYANI (Dario-Marcos), TABORSKY (Michael), FROMMEN (Joachim G.), « To pee or not to pee : urine signals mediate aggressive interactions in the cooperatively breeding Cichlid Neolamprologus Pulcher » dans *Behavioral Ecology and Sociobiology*, n° 2, février 2017.

镜子和鬼蝠魟

- ARI (Csilla), D'AGOSTINO (Dominic P.) « Contingency checking and self-directed behaviors in giant manta Rays : do elasmobranchs have self-awareness ? » dans *Journal of Ethology*, n° 2, mai 2016, pp 167-74.
- KOHDA (Masanori), TAKASHI (Hatta), TAKEYAMA (Tmohiro), AWATA (Satoshi), TANAKA (Hiroka-zu), ASAI (Jun-ya), JORDAN (Alex) « Cleaner wrasse pass the mark test. What are the implications for consciousness and self-awareness testing in animals ? », *PLoS Biology*, 21 août 2018.

预期

- SALWICZEK (Lucie H.) et al., « Adult cleaner wrasse outperform capuchin monkeys, chimpanzees and orang-utans in a complex foraging task derived from cleaner – client reef fish cooperation », dans *PLoS ONE* 7, n°11, 21 novembre 2012.

自杀

- VINDAS (Marco A.) et al., « Brain serotonergic activation in growth-stunted farmed salmon : adaptation versus pathology », dans *Royal Society Open Science*, n°5, mai 2016.

电鱼和定位

- CAIN (PETER), « NAVIGATION IN FAMILIAR ENVIRONMENTS BY THE WEAKLY ELECTRIC ELEPHANTNOSE FISH, GNATHONEMUS PETERSII L. (MORMYRIFORMES, TELEOSTEI) », DANS *ETHOLOGY*, VOL. 99, n°4, JANVIER-FÉVRIER 1995, PP332-349.

- GOTTWALD (Martin), BOTT (Raya A.), et EMDE (Gerhard von der), « Estimation of distance and electric impedance of capacitive objects in the weakly electric fish Gnathonemus petersii », dans *The Journal of Experimental Biology*, vol. 220, n°17, 1er septembre 2017.
- BABINEAU (David), LONGTIN (André) et LEWIS (John E.), « Modeling the electric field of weakly electric fish », dans *The Journal of Experimental Biology*, vol. 209, 2006.
- BABINEAU (David), LONGTIN (André) et LEWIS (John E.), « Spatial acuity and prey detection in weakly electric fish », dans *PloS Computational Biology*, vol. 3, n°3, 2 mars 2007.
- HANIKA (Susanne), KRAMER (Bernd), « Electrosensory prey detection in the African sharptooth catfish, Clarias gariepinus (Clariidae), of a weakly electric mormyrid fish, the bulldog (Marcusenius macrolepidotus)» , dans *Behavioral Ecology and Sociobiology*, vol. 48, n°3, août 2000, pp 218-228.

- Jun (James J.), Longtin (André) et Maler (Leonard), « Active sensing associated with spatial learning reveals memory-based attention in an electric fish », dans *Journal of Neurophysiology*, vol. 115 n° 5, mai 2016.
- Stoddard (Philip K.), « Electric signals and electric fish », *Bioscience*, vol. 58, n°5, 2008, pp 415-425.
- Emde (Gergard von der), « Non-visual environmental imaging and object detection through active electrolocation in weakly electric fish », dans *Journal of Comparative Physiology A*, vol. 192, n°6, juin 2006, pp 601-612.
- Emde (Gergard von der), « 3-Dimensional scene perception during active electrolocation in a weakly electric pulse fish », dans *Frontiers in Behavioral Neuroscience*, vol. 4, 28 mai 2010.
- Emde (Gergard von der) et Fetz (Steffen), « Distance, shape and more : recognition of objects features during active electrolocation in a weakly electric fish », dans *The Journal of Experimental Biology*, vol. 210, n°17, 1er septembre 2007.
- Nilsson (Göran E.), « Brain and body oxygen requirements of Gnathonemus petersii, a fish with an exceptionally large brain », dans *Journal of Experimental Biology*, vol. 199, n°3, 1996, pp 603-607.
- Arnegard (Matthew E.) et Carlson (Bruce A.), « Electric organ discharge patterns during group hunting by a Mormyrid fish », dans *Proceedings of the Royal Society B.*, Biological Sciences, n°272, 7 juillet 2005.
- Carlson (Bruce A.) et Hopkins (Carl D.), « Stereotyped temporal patterns in electrical communication », dans *Animal Behaviour*, vol. 68, n°4, octobre 2004, pp 867-878.
- Feulner (Philine G.D.), Plath (Martin), Engelmann (Jacob), Kirschbaum (Frank) et Tiedemann (Ralph), « Electrifying love : electric fish use species-specific discharge for mate recognition », dans *Biology Letters*, vol. 5, n°2, 25 novembre 2008, pp 225-228.
- Dunlap (Kent D.), Chung (Michael) et Castellano (James Francis), « Influence of long-term social interaction on chirping behavior, steroid levels and neurogenesis in weakly electric fish », dans *The Journal of Experimental Biology*, vol.216, n°13, 1er juillet 2013, pp 2434-2441.
- Fugere (Vincent), Ortega (Hernan) et Krahe (Rüdiger), « Electrical signalling of dominance in a wild population of electric fish », dans *Biology Letters*, vol. 7, n°2, 23 avril 2011, pp 197-200.
- Fugere (Vincent), Krahe (Rüdiger), « Electric signal and species recognition in the wave-type Gymotiform fish Apteronotus Leptorhynchus », dans *Journal of Experimental Biology*, vol. 213, n°2, 15 janvier 2010, pp 225-236.
- Kramer (Bernd) et Hanika (Susanne), « Intra-male variability of its communication signal in the weakly electric fish, Marcusenius Macrolepidotus (South African form), and possible functions », dans *Behaviour*, vol. 142, n°2, 1er février 2005, pp 145-166.
- Machnik (Peter) et Kramer (Bernd), « Female choice by electric pulse duration : attractiveness of the male communication signal assessed by female bulldog fish, Marcusenius pongolensis (Mormydae, Teleostei) », dans *Journal of Experimental Biology*, vol. 211, n°12, 15 juin 2008, pp 1969-1977.
- Painter (Stephan) et Kramer (Bernd), « Electrosensory basis for individual recognition in a weakly electric, mormyrid fish, Pollimyrus adspersus (Günther, 1866) », dans *Behavioral Ecology and Sociobiology*, vol. 55, n°2, 1er décembre 2003, pp 197-208.
- Stoddard (Philip K.) et Markham (Michael R.), « Signal cloaking by electric fish », dans *Bioscience*, vol. 58, n°5, 1er mai 2008, pp 415-425.
(Celle-là n'est pas mentionnée dans la BD mais parle des poissons qui se camouflent en éteignant leur sens électrique, c'est trop classe.)

飞鱼

- CASAZZA (Tara L.) et al., « Reproduction and mating behavior of the atlantic flying fish, Chei-lopogon Melanurus (Exocoetidae), off North Carolina », dans *Bulletin of Marine Science*, vol. 77, n°2, 2005.
- BAYLOR (Edward R.), « Air and water vision of the atlantic flying fish with regard to flight performance », dans *Journal of Zoology,* vol. 221, n°3, juillet 1990, pp 391-403.
- FISH (F.E.), « Wing Design and Scaling of Flying Fish with Regard to Flight Performance », *Journal of Zoology*, vol. 221, n°3, juillet 1990, pp 391-403.
- DAVENPORT (John), « How and why do flying fish fly ? », dans *Reviews in Fish Biology and Fisheries*, vol. 4, n°2, juin 1994, pp 184-214.
- MAKIGUCHI (Yuya) et al., « Take-off performance of flying fish Cypselurus Heterurus Doe-derleini measured with miniature acceleration data loggers », dans *Aquatic Biology*, vol. 18, n°2, 3 avril 2013, pp 105-111.
- PARK (H.) et CHOI (H.), « Aerodynamic characteristics of flying fish in gliding flight », dans *Journal of Experimental Biology*, vol. 213, n°19, octobre 2010, pp 3269-3279.
- RYAN (Peter G.), « The effect of wind direction on flying fish counts », dans *African Journal of Marine Science*, vol. 35, n°4, décembre 2013, pp 585-587.
- PARK (H.) et CHOI (H.), « Flying fish glide as well as birds », *Journal of Experimental Biology*, vol. 213, n°19, octobre 2010.

蓝色的海

- LOSEY (George S.), « Crypsis and communication functions of UV-Visible coloration in two coral reef damselfish, Dascyllus Aruanus and D.Reticulatus », *Animal Behaviour*, vol. 66, n°2, août 2003, pp 299-307.
- DOUGLAS (R. H.), MULLINEAUX (C. W.), et PARTRIDGE (J. C.), « Long–wave sensitivity in deep–sea stomiid dragonfish with far–red bioluminescence : evidence for a dietary origin of the chlorophyll–derived retinal photosensitizer of malacosteus niger », dans *Philosophical Transactions of the Royal Society of London B : Biological Sciences*, vol. 355, n°1401, septembre 2000, pp 1269-1272.

合作

- HASENJAGER (Matthew J.) et DUGATKIN (Lee Alan), « Familiarity affects network structure and information flow in guppy (Poecilia Reticulata) shoals », dans *Behavioral Ecology*, vol. 28, n°1, 2017, pp 233-242.
- BSHARY (Redouan), GINGINS (Simon), et VAIL (Alexander L.), « Social cognition in fishes », dans *Trends in Cognitive Sciences*, vol. 18, n°9, septembre 2014, pp 465-471.
- MILINSKI (Manfred), KÜLLING (David), et KETTLER (Rolf), « Tit for Tat : Sticklebacks (Gasterosteus Aculeatus) 'trusting' a cooperating partner », dans *Behavioral Ecology*, vol.1, n°1, 1990, pp 7-11.
- BSHARY (Redouan) et al., « Interspecific communicative and coordinated hunting between groupers and giant moray eels in the Red Sea », dans *PLoS Biology*, vol. 4, n°12, 2006.
- VAIL (Alexander L.), MANICA (Andrea), et BSHARY (Redouan), « Referential gestures in fish collaborative hunting », dans *Nature Communications*, vol. 4, n°1, décembre 2013.

记忆力2

- HUGHES (R.N.) et MACKNEY (P.A.), « Foraging behaviour and memory window in sticklebacks », dans *Behaviour*, vol. 132, n°15, janvier 1995, pp 1241-1253.
- CROY (Marion I.) et HUGHES (Roger N.), « The role of learning and memory in the feeding be-

haviour of the fifteen-spined stickleback, spinachia spinachia L. », dans *Animal Behaviour*, vol. 41, n°1, janvier 1991, pp 149-159

- BROWN (Culum), KRAUSE (Kevin), et LALAND (Jens), Fish cognition and behavior, Wiley-Blackwell, 2011.
- ARONSON (Lester R.), « Orientation and jumping behavior in the gobiid fish Bathygobius Soporator », dans *American Museum Novitates*, n°1486, 1951.
- ARONSON (Lester R.), « Further studies on orientation and jumping behavior in the gobiid fish, bathygobius soporator », dans *Annals of the New York Academy of Sciences*, vol. 188, n°1, décembre 1971, pp 378-392.
- MAGUIRE (Eleanor A.), WOOLLETT (Katherine), et SPIERS (Hugo J.), « London taxi drivers and bus drivers : a structural MRI and neuropsychological analysis », dans *Hippocampus*, vol. 16, n°12, décembre 2006, pp 1091-1101.

墨鱼卵

- KNIGHT (K.), « Cuttlefish embryos learn before hatching », dans *Journal of Experimental Biology*, vol. 215, n°23, décembre 2012.

情节记忆

- SALWICZEK (Lucie H.) et BSHARY (Redouan), « Cleaner wrasses keep track of the 'When' and 'What' in a foraging task : cleaner wrasses keep track of the 'When' and 'What' in a foraging task », dans *Ethology*, vol. 117, n°11, novembre 2011, pp 939-948.
- HAMILTON (Trevor J.) et al., « Episodic-like memory in zebrafish », dans *Animal Cognition*, vol. 19, n°6, novembre 2016, pp 1071-1079.

观众效应

- GROSENICK (Logan), CLEMENT (Tricia S.), et FERNALD (Russell D.), « Fish can infer social rank by observation alone », dans *Nature*, vol. 445, n°7126, janvier 2007, pp 429-432.
- GOLDSTEIN (Stephen R.), « Observations on the establishment of a stable community of adult male and female siamese fighting fish (Betta Splendens) », dans *Animal Behaviour*, vol. 23, février 1975, pp 179-185.
- DOUTRELANT (C.), « The effect of an audience on intrasexual communication in male siamese fighting fish, Betta Splendens », dans *Behavioral Ecology*, vol. 12, n°3, mai 2001, pp 283-286.
- DZIEWECZYNSKI (Teresa L.), GILL (Courtney E.), et PERAZIO (Christina E.), « Opponent familiarity influences the audience effect in male–male interactions in siamese fighting fish », dans *Animal Behaviour*, vol. 83, n°5, mai 2012, pp 1219-1224.
- BIRON (Suzanne), HERB (Brodie), et KIDD (Michael), « Courtship by subordinate male siamese fighting fish, betta splendens : their response to eavesdropping and naïve females », dans *Behaviour*, vol. 140, n°1, janvier 2003, pp 71-78.

祝你有个愉快的阅读时光！

致 谢

塞巴斯蒂安·莫罗

感谢范妮·沃彻想到了要画这本漫画，也感谢所有给我提供动力去研究鱼类的人，感谢鱼儿们本身，感谢我的父母（如果没有他们我就不会出生了）。感谢我的伴侣玛蒂尔德，因为她一直忍受着测试版本里装饰文本的一堆"不对，这样不行，等下，我再看看。好吧，你等等我改一下，5分钟后再给你读"。感谢布林德尔，我的猫，它让我学会了不时要休息一会儿，因为它会在我工作时躺到我的键盘和两个鼠标上（那是只巨大的猫）。感谢埃斯蒂瓦，他为推广作为这本漫画前身的博客做了很多工作。感谢伊夫，为了他所做的一切以及他本身，感谢所有支持过和鼓励过我们的人。当然，还要感谢出版社的信任。

感谢布鲁斯·威利斯、复仇者联盟和王牌特工，如果没有他们，这个世界早就不复存在了。

感谢发明印刷的古腾堡，虽然他的主意都是从这里或那里抄来的，而且如果是我，不会一开始先印《圣经》。至少得印本史蒂芬·金的书，比如，呃，《黑暗塔》或者别的类似的。

我也要感谢所有致力于将科学知识介绍给大众的人：科普工作者、科学记者、视频主播，还有所有支持将科学研究成果免费公开的人，不管是通过官方渠道还是……不那么官方的。

最后，我想感谢所有为创造一个更好的世界而每天工作的人——不仅是为人类，也是为其他动物。

爱你们！

音乐

范妮·沃彻

　　感谢塞巴斯蒂安同意加入这场大冒险，他在其中投入了很多才华和细致的工作，使得书中没有任何晦涩的表达——至少对我而言是这样。感谢索罗蒙，为了他的反复阅读和那些大海中的行程，尤其是我们差点死翘翘那次，那让我们对生活中各种事情的相对性有了更深的认知。感谢保罗一直以来的支持。感谢伊夫让我了解这些水生生物，也感谢他为这些小生命付出的努力。